后浪出版公司

THE ROSE BOOK

玫瑰之书

[英] 布伦特·埃利奥特 著

冯真豪 柏淼 译

一部包含40种迷人蔷薇属植物
及相关经典文本、珍稀版画的史书

上海人民美术出版社

图书在版编目（CIP）数据

玫瑰之书 /（英）布伦特·埃利奥特著；冯真豪，

柏淼译 . -- 上海：上海人民美术出版社，2021.12（2023.1 重印）

书名原文：The Rose Book

ISBN 978-7-5586-2220-5

Ⅰ . ①玫… Ⅱ . ①布… ②冯… ③柏… Ⅲ . ①玫瑰花

－观赏园艺－普及读物 Ⅳ . ① S685.12-49

中国版本图书馆 CIP 数据核字（2021）第 226829 号

THE ROSE: THE HISTORY OF THE WORLD'S FAVOURITE FLOWER TOLD IN 40

EXTRAORDINARY ROSES THROUGH DOCUMENTS

By BRENT ELLIOTT

Text and images copyright © The Royal Horticultural Society 2016, 2020

Design copyright © Welbeck Non-fiction Limited 2016, 2020

This edition arranged with Welbeck Non-fiction Limited through Big Apple Agency, Inc.,

Labuan, Malaysia.

Simplified Chinese edition copyright © 2021 Ginkgo (Beijing) Book Co., Ltd.

All rights reserved.

本书中文简体版权归属于银杏树下（北京）图书有限公司

著作权合同登记号图字：09-2021-0219

玫瑰之书

著　　者：[英]布伦特·埃利奥特

译　　者：冯真豪　柏　淼

出版统筹：吴兴元

编辑统筹：郝明慧

责任编辑：康　华

特约编辑：贾蓝钧

装帧设计：墨白空间·曾艺豪

出版发行：上海人民美术出版社

　　　　　（上海市号景路 159 弄 A 座 7 楼）

　　　　　邮编：201101　电话：021-53201888

印　　刷：天津联城印刷有限公司

开　　本：889mmx1194mm　1/16

字　　数：170 千字

印　　张：11

版　　次：2021 年 12 月第 1 版

印　　次：2023 年 1 月第 3 次

书　　号：978-7-5586-2220-5

定　　价：128.00 元

读者服务：reader@hinabook.com 188-1142-1266

投稿服务：onebook@hinabook.com 133-6631-2326

直销服务：buy@hinabook.com 133-6657-3072

网上订购：https://hinabook.tmall.com/（天猫官方直营店）

目 录
Contents

序

布伦特·埃利奥特，是能从植物学发展到历史文化意义，以图文并茂的方式将蔷薇属植物的历史娓娓道来的不二人选。他是皇家园艺学会所出诸多书籍的作者，在成为学会的历史学家以前，曾打理林德利图书馆超过25年，对图书馆内藏书的了解程度无人能及。

公元前5000年，苏美尔地区的人们最早提及蔷薇，从那以后，人们一直为这些花卉的魅力和其他表征倾倒。蔷薇属植物在人类文明的宗教、文学、药学、神话和诗歌中都占据了一席之地，也在地球上站稳了脚——数个世纪以来，在花园中备受人们宠爱和珍视的蔷薇栽培品种，都起源于来自世界各地的野生种。

蔷薇已经在人类共同的历史中留下了痕迹，如果蔷薇失去了意义，那英国的红色月季、爱情的象征、中东的突厥蔷薇、约克郡的白蔷薇和"英格兰的隐秘情人（England's unofficial rose）"都不复存在，它们会是无法想象的历史。蔷薇的象征意义和意象以及它在绘画和园艺文学中的广泛使用，使我们洞察到这种花备受瞩目。随后，开化的中世纪思想孕育出的作品在许多层面上启发了我们。

命名法持续修订，育种事业长足发展，但我们如今看到的大多数蔷薇，不过来自小部分野生物种。

人类长达几个世纪的干预，旨在从原始植物中培育出花量更大、习性更强健、外观更优雅的植株，这种和自然的合作育出了芳香馥郁宜人的非凡品种。蔷薇的起源和进化是一个引人入胜的故事，反映了许多我们今天仍在享用的事物：从美丽花朵中得到的精神滋养、迷人芬芳以及单纯的愉悦。

英国皇家园艺学会主席

尼古拉斯·培根爵士

引　言

英国皇家园艺学会的林德利图书馆是世界上最大的园艺图书馆，和蔷薇属植物有关的文献为其藏书的重要组成部分。

如果我们要查阅蔷薇专著，藏书中有罗森贝格的《蔷薇百科》（1630）、19世纪的月季育种者和苗圃园丁的著作、专业月季学会的杂志和期刊，当然还有一架子又一架子的新近书籍。其实，在许多普及性读物中都能找到关于蔷薇的文献，如文艺复兴时期的草本志、各国的植物志和园艺植物著作、大量（但在很大程度上仍被忽略的）文章，以及19世纪和20世纪初的园艺杂志上的信件。我在行文中大量引用了这些引人入胜的资料。

如果我们要找的是图像而不是文字，林德利图书馆中的宝藏会以原始绘画、版画甚至香烟卡片的形式出现。从18世纪90年代到"一战"前夕的125年间，诞生了许多世界上最精美的带插图的蔷薇书籍。先有劳伦斯、罗西希、安德鲁斯和雷杜德的彩色版画，随后是19世纪后期出现的彩色石版画，最后是阿尔弗雷德·帕森斯为埃伦·威尔莫特的《蔷薇属志》（1914）所绘的插图（在那之后，摄影的影响力使得大部分20世纪的蔷薇绘画变得平淡无奇）和威尔莫特的作品绑定的帕森斯的原画，它们无疑都是学会的蔷薇画作藏品中的瑰宝。还有些趣事：约翰·林德利，图书馆以他的名字命名，他于1821年首次被园艺学会雇来画蔷薇，他的一部分画作，以及更多杂项藏品里的其他绘画都是在林德利图书馆完成的。

我必须承认，如果我没有依赖现代文献来了解这段复杂的历史，这本书便无法完成。格雷厄姆·托马斯——他那代人中最伟大的月季种植家，以及一直在填补空白的查尔斯·奎斯特-里特森，他们把百科全书般的蔷薇属植物的知识都写在了丛书里。美国月季种植家布伦特·迪克森追寻并出版了19世纪数百个月季品种的记录。珍妮弗·波特的著作《月季》（2010）毫不客气地驳倒了许多神话，这表明在这一课题上，多数人公认的基础知识都是不靠谱的。这些作者给我的帮助几乎体现在这本书的每一页中。

布伦特·埃利奥特

Rosa sempervirens

古代世界的蔷薇

—— 事实和传说

"迈达斯之魂"是玫瑰研究史中流传久远的一个丽影。希罗多德在《历史》第 8 卷中，描述了公元前 5 世纪的马其顿大使馆，并提到了一位名叫迈达斯的著名马其顿人的花园。

希罗多德短小精悍的描述使这个花园举世闻名，以至于在 6 个多世纪之后，早期的基督教作家德尔图良称誉经历过世界末日后的地球将会"比阿尔喀诺俄斯的果园和迈达斯的玫瑰园更美丽"；重要的是，"在这些花园中，蔷薇自由生长，它们芬芳四溢，有的花瓣多达 60 多片，没有其他花可以与之相比"。

此处提及的是哪类蔷薇呢？是后来被人们称为百叶蔷薇的某个品种，还是秋花突厥蔷薇呢？当时人们普遍认为，泰奥弗拉斯托斯和老普林尼所说的百叶蔷薇其实是秋花突厥蔷薇。这些蔷薇并非人为杂交的产物，它们可能是不同种蔷薇生长在一起时生出的自然杂交品种，也可能来自芽变。由于古典文献记录不足，这个问题没有确切答案：现存的极少量植物学文献（泰奥弗拉斯托斯、老普林尼、迪奥斯科里季斯的著作）并未涉及蔷薇的园艺品种分类，而是专注于它们的医学用途，这类文献富于想象力、夸大其词，不够严谨。维吉尔在《农事诗》第 4 卷中借用了"玫瑰绽放两次（biferi rosaria paesti）"的表达，一些 19 世纪的评论家将其解释为"生长在帕埃斯图姆的多次开放的蔷薇"，但是没有其他古典作家提到蔷薇多次开花的现象。

詹妮弗·波特认为，帕埃斯图姆曾存在过蔷薇种植业，能使蔷薇反季节开花。另外，《圣经》的译者们在面对不确定的植物名和陌生的中东植物时，都将它们错误地翻译成"玫瑰花"和"百合"。

正如一个多世纪前，乔治·E. 琼斯在对《圣经》[①] 提及的蔷薇类植物所做的调查中说的："我们很遗憾《旧约》中删去了以下两种花名，'我是沙仑的秋番红花''荒野将如同多花白水仙一样绽放'，这两种花名并非耳熟能详，但它们确实能更好地解释背景……"

古代对蔷薇的记载主要来自老普林尼，他共描述了 14 种蔷薇，科鲁迈拉、帕拉狄乌斯等人的文章则补充了一些信息。作为对蔷薇的全部古典文献的总结，E. F. 韦斯特曼在 19 世纪中叶所撰的下文无人能超越：

> 白色被认为是蔷薇最古老的颜色，除此之外还有亮黄色、暗黄色、绯红色以及如火焰般的鲜红色。花期最早的蔷薇原产坎帕尼亚，稍晚的产自米利都，花期最迟的产自普雷尼斯特，而产于卡塔赫纳的则能月月开放。就古典月季而言，普

对页：常绿蔷薇。依据亨利·查尔斯·安德鲁斯在《蔷薇》（1805—1828）中的绘画刻出的手工上色版画。

下图：一个罗马村庄玫瑰园的想象图。奥尔绍勒依据 D. 朗瑟洛的画作刻出，摘自阿蒂尔·芒然的《花园志》（1888）。

---

① 此处指的是《圣经》英王钦定本（KJV），在该版本中，译文为"I am the rose of Sharon, and the lily of the valleys"，译者将"秋番红花"和"白水仙"分别翻译为"玫瑰花"和"百合"。——编者注

通的种类花瓣数量最少为 5 枚，而最受欢迎的则是在坎帕尼亚之野肆意生长的百叶蔷薇。人们认为普雷尼斯特和坎帕尼亚出产的蔷薇风华绝代，产于马耳他者因其香气而价值连城；产于古希腊者常被用于制作香薰和精油。而产于拥有大型遗址[①]的胜地——帕埃斯图姆的蔷薇更是闻名遐迩：它在大自然的恩宠下长得硕大无比，且一年之中有两次花期。

不过，上述的最后一种说法是可疑的。这些蔷薇与 1500 年后西欧已知的那些蔷薇之间有什么关系？文艺复兴学者们一直在思考这个问题。约翰·帕金森在 1640 年的《植物世界》一书中给出了一个解释：

> 因此与老普林尼有关。现在让我们来看看其他撰稿人是如何将当代的蔷薇与老普林尼时代的蔷薇巧妙对应的——首先，他们通常认为老普林尼的帕埃斯图姆蔷薇为如今的突厥蔷薇，而里昂蔷薇和米利都蔷薇据说是法国蔷薇——老普林尼和凯梅拉里乌斯都表示这就是法国人所谓的"普罗万玫瑰"。而坎帕尼亚蔷薇一般被认为是如今硕大的白蔷薇。

但是，在帕金森写这篇文章的时候，其他植物学者已经对这些鉴定依据提出了异议，他们得出的结论是：一些种类的蔷薇在古希腊时期便已引入欧洲，不应该参照这些文献。维多利亚时代的植物学家查尔斯·多贝尼后来推测，常绿蔷薇和异味蔷薇为迪奥斯科里季斯所说的具有药用价值的蔷薇。不过这些结论也受到了质疑。

从随后的花卉发展史来看，无论考古学告诉我们古代社会的园艺植物实际上是什么样的，都比不上各种有关蔷薇的神话传说更吸引人。因此，为了展现公立学校古典教育的典型受益者（也许是受害者）的心态，英国皇家玫瑰学会的创始人 H. H. 东布雷恩在 1896 年写道：

> 我们敢说，许多蔷薇爱好者都记得传说中罗马节庆使用了多少蔷薇花，人们对它大加赞扬。他们常常想起并追问：在特定场合中，人们使用或误用的蔷薇是哪一类？又或者，他们把目光转向惨遭忽略的可怜诗人维吉尔时，鬼知道他在《农事诗》里赞美帕埃斯图姆玫瑰的意图到底是什么。那时候人们真的拥有杂交品种吗？是否足够举办一个品种展览？还是说古人拥有过我们这个时代还无法育出的蔷薇品种？我们知道我们永远无法和希腊还有罗马的建筑师媲美，也创作不出像维纳斯、垂死的角斗士或拉奥孔这样的雕像了，但古人的蔷薇文化是否取得了同样的成功呢？

乔治·E. 琼斯试过评论希罗多德说："历史学家说'长在这里的蔷薇尤为国色天香，其他蔷薇无法与其争艳'——（希罗多德从没种过'法兰西'[②]月季和'尼埃尔将军'月季）。"

① 帕埃斯图姆遗址，即帕埃斯图姆神庙。世界遗产之一，是意大利本土保存最完整的古希腊神庙，为纪念海神波塞冬而建。——译者注

② 本书按国内园艺界的习惯用法，以"单引号＋楷体"的格式标示栽培植物品种加词的中译名。——译者注

对页：常绿蔷薇。阿尔弗雷德·帕森斯为埃伦·威尔莫特的《蔷薇属志》（1914）所绘的原图。

下图：异味蔷薇。卡洛琳·玛利亚·阿普尔比约在 1830 年所绘的原图。

Tab. 5.

原产欧洲的蔷薇

——自然和人的互动

蔷薇的身影遍布整个北半球。《欧洲植物志》列出了 47 种蔷薇。在英国，原产蔷薇的预估种数年年不同。

早在 1818 年，约瑟夫·伍兹列出了 26 种蔷薇；克拉彭、蒂坦和沃伯格列出了 14 种；斯泰斯以及随后的格雷厄姆和普里马韦西列出了 12 种，外加 7 种已经在英国不同地区归化了的引栽种类。导致种数分歧的一个重要原因是蔷薇富于变化，并且在野外和花园里都容易发生杂交。许多被植物学家们发表为"种"的蔷薇，都已被证实具有杂交起源。

直到近代，植物学家们新造的名称顺应了日常使用习惯，才使得少数物种能用俗名来区分。尽管许多其他植物的名称中也带有"rose"，但我们的祖先所创造的蔷薇、犬蔷薇、香叶蔷薇、野蔷薇、密刺蔷薇等名称，已是他们能所做出的区分极限了。"犬蔷薇"一名首次出现于杰勒德的《草本志》（1597）中，它是一个有讲究的名字，而非民间俗称。它亦非英语惯用法，而是引经据典："犬蔷薇"是在泰奥弗拉斯托斯和老普林尼的著作中找到的名字，因为它的根是狂犬病的解药。同时，它的地方方言叫法颇多。杰弗里·格里格森在《英国人的植物志》中记载了 29 个犬蔷薇的地方名称："小篱笆桩""驱狗工""钳钉""士兵"等。他还记载了 28 个香叶蔷薇的方言叫法。

生态学家亚瑟·坦斯利把蔷薇（连同悬钩子和荆豆）描绘成带刺灌木以及"无处不在、大量出现"的小灌木："数种蔷薇组成一定高度的灌丛，但它们并不丛生，也不是主要植被。"犬蔷薇是英国最常见、分布最广的蔷薇属植物；欧洲野蔷薇次之，它是一种林缘植物。坦斯利将香叶蔷薇和大花蔷薇描述成"常常生于白垩土草地上的低矮、纤茎植物"。20 世纪 70 年代，欧内斯特·波拉德在针对绿篱的大范围研究中指出，"蔷薇是绿篱的主要移植植物之一"，他还提供了一些

有趣的数据：在威尔特郡，79% 的绿篱植物包含蔷薇；而在沃里克郡，野生蔷薇的全部记录都来自它们在绿篱中的使用。詹姆斯·汤姆逊在诗歌《四季》（1730）的"春天"一节中写道：

> ……宛若青翠的迷宫，
> 我穿行于玫瑰花的围篱之中

也许他指的不是单一的蔷薇绿篱，却证明了在由其他灌木组成的绿篱中经常出现蔷薇。

由于最近几代生态学家关于植物自然分布的许多假设已被推翻（因为人们越来越关注人类及其传统活动的作用），因此值得我们思考的是，为什么蔷薇能在其所在地欣欣向荣。犬蔷薇和香叶蔷薇尤为重要，因为它们的果实既可以食用，又可以药用。当然，20 世纪的时候，整个欧洲都有意种植蔷薇绿篱；玛丽·索恩·奎尔奇引述战时粮食部的传单说："早在战前，德国人便已沿着机动车道种植蔷薇属植物，把它们作为战备物资的一部分了。如今他们可以给自己的陆军和海军，还有受轰炸地区的人们分发玫瑰饼干。"受到玫瑰犁瘿蜂侵袭的蔷薇，会形成一团发丝状的物体，人们称其为"苔状玫瑰虫瘿"或"罗宾的针垫"。这种发丝状物体在中世纪被用作一种药物甚至护身符，受到人们的高度重视。还有，用作绿篱时，刺更多的蔷薇威慑价值更高。

因此，蔷薇会出现在林地边缘，可能说明了人为维护，甚至有意栽花的行为。格雷厄姆和普里马韦西在描述 20 世纪 60 年代大量铁路路线被关停的情况时，便已指出了缺乏人为维护的后果：

"比钦大斧"①政策下被拆除的数英里铁路成了植物学家们的天堂，那里出现了不计其数的草本植物。……包括蔷薇在内的灌木不可避免地入侵了这些地方。不过，灌丛的长势也是必然的，它令人望而止步，最终使蔷薇学家们兴趣全无。

欧洲野蔷薇是英国分布最广的野生蔷薇，仅次于犬蔷薇。人们通常认为它就是莎士比亚在《仲夏夜之梦》里提到的"麝香蔷薇"：

> 我知道一处茴香盛开的水滩，
> 长满着樱草和盈盈的紫罗兰，
> 馥郁的金银花、芟泽的野蔷薇②，
> 漫天张起了一幅芬芳的锦帷。③

被视为欧洲蔷薇的刺蔷薇从斯堪的纳维亚到西伯利亚以及阿拉斯加北部都能找到，它最早由皇家园艺学会的约翰·林德利命名。1820年，年仅21岁的林德利发表了《蔷薇专著》，这使他在超过150年的时间里都是蔷薇属植物的权威。尽管能在北欧找到这种蔷薇，但林德利的描述基于采自西伯利亚、栽培于剑桥大学植物园的植株。他提议将这种蔷薇用于园艺："它是最早发叶的蔷薇，它在展叶期长出的新叶黄里透白，十分惹眼。"不过，它从未被广泛种植。

"桂味蔷薇"是命名法问题的一个典型例子。约翰·杰勒德在1597年描述了这种蔷薇，19世纪以前它被广泛种在花园里。不巧的是，林奈在他的《植物种志》（1753）和《自然分类》（1759）中将不同的植物称为"桂味蔷薇"。从那时候起，名称指代不明造成的问题就一直存在。林德利这样评论这个问题：

> 人们认为这种蔷薇原产英国，因为它是在庞蒂弗拉克特附近的阿克顿牧场的树林中找到的。但我认为这个理由不充分。它在欧洲的大部分地区都很常见，长于灌木丛中，早春开花；但它在中部和南部的国家更常见，在北部的国家几乎找不到。……我怀疑德方丹在非洲北部发现的野生五月花蔷薇是桂味蔷薇。林奈一定是把它们弄混了，在他的标本馆中，这两种蔷薇被标注了同样的名字……罗特所说的桂味蔷薇是双色异味蔷薇……埃尔曼所说的桂味蔷薇是密刺蔷薇。

格雷厄姆·托马斯建议用"垂枝蔷薇"替代"桂味蔷薇"一名；不过在2006年，"桂味蔷薇"被宣布为保留名称，这样一来，几个世纪的植物学争论被官方法令终结了。至于"桂味蔷薇"一名的缘由，E. A.邦亚德评论说："名字的由来引发了一些讨论，少数人注意到了花带有肉桂香味，但多数人都没有察觉。它的老枝为肉桂色，兴许是名字来源的一种解释。"

上图：欧洲野蔷薇。19世纪20年代埃德温·达尔顿·史密斯为皇家园艺学会所绘。

对页：犬蔷薇。依据约翰·西蒙·克纳在《树木图鉴》（1783—1792）中的绘画刻出的手工上色版画。

① 比钦大斧政策（Beeching Axe）是一项严厉的成本削减计划，由时任铁路总公司总管的理查德·比钦（Richard Beeching，1913—1985）在1963年提出，最终导致英国铁路分崩离析。——译者注
② 此处指上文的"麝香蔷薇"。——译者注
③ ［英］莎士比亚.莎士比亚全集［M］.朱生豪，译.北京：人民文学出版社.1994：687.——编者注

蔷薇的传说　第一部分

—— 十字军

蔷薇的历史充满了各种各样的神话：其中有新种蔷薇的发现和引入。尤其是十字军，人们认为将近东的植物引栽到西欧是十字军的功劳。

突厥蔷薇（the Damask rose）就是这些植物中的一种，它以伊斯兰世界的主要城市之一大马士革（Damascus）为名。

较古老的传说指出突厥蔷薇原产欧洲，且古希腊和古罗马的作家们都曾描述过它。约翰·帕金森将老普林尼的帕埃斯图姆蔷薇鉴定为"突厥蔷薇"。这种思维方式是古典文学长期以来被赋予的权威性的遗留，也是一种信念，即认为他们所描述的植物和北欧的植物一定是一样的；那时候，地理分布概念尚未成形。

现在，让我们赶紧将另一个故事扼杀在摇篮中。E. A. 邦亚德在其奠基作《古典花园玫瑰》（1936）中给出了一个告诫：

> 在英格兰，"Damask"一词有好几个意思，古时候，它既表示一种颜色，又表示原产地。"淡红的脸颊"（Damasked cheeks）就是其用作颜色词的一个例子。因此，我们在把古老的突厥蔷薇和如今所说的蔷薇科植物之间画等号时，必须谨慎行事。

然而，查一下《牛津英语词典》就会发现，"Damask"的动词用法直至16世纪末才出现，远远晚于突厥蔷薇为人熟知的时间。因此，该义项一定派生自突厥蔷薇，而不是反过来。

沃尔特·P. 赖特在20世纪20年代的一本流行刊物里很好地总结了一个更新近的故事："据说香槟伯爵蒂博在十字军东征结束后将这种蔷薇和一小株杂交种从巴勒斯坦带回法国，并把杂交种种在普罗万，因此得名普罗旺斯蔷薇。"我所知道的关于这个故事的最早的参考文献，摘自18世纪90年代阿贝·罗齐耶的《农政百科》一书，但它没有点明具体的引种人是谁：

> 普罗万玫瑰也叫"普罗旺斯蔷薇"。一位布里伯爵在十字军返回的时候，将它从叙利亚带回了普罗万。不可否认的是，这种蔷薇在欧洲任何一个地方的长势都不如在普罗万的好。凭花瓣的颜色可以轻易地区分它和其他种类的蔷薇：摄人心魄的艳红色加上金黄色的花心。它的花是单瓣的，硕大无比；它的香气在普罗万周边比在远处更加馥郁宜人。这种灌木从根部抽出许多枝条，稳固并延展了它的根出条。它的茎干略微斜升，且略带刺。有数个花瓣具条纹的品种。

普罗万当地的一名历史学家克里斯托夫·奥普瓦补充了更多"历史细节"。他在19世纪20年代认定这种蔷薇的引种人是香槟伯爵蒂博四世，后者于1239年带领十字军到过巴勒斯坦。

> 蔷薇：它们通常被称为"普罗万玫瑰"。是蒂博六世（原文如此）从叙利亚带回来的，只有在普罗万，它们才葆有独特的美丽紫色和芬芳气味，以及药物特性。药剂的制备工艺分干、湿两种，而干品的把玩性远胜于药用价值。我们在《普罗万回忆录》中读到，1310年，桑斯大主教菲利普·德马里尼在庄严入城期间，普罗万给他提供了红酒、香料和蜜饯，有时候还会加上百花香薰。

这个故事仍然是普罗万的都市传说的一部分,一本 1988 年的城市志指出"普罗万的精华在于蒂博四世(他的法语绰号为'遗腹子'或'游吟诗人')的塔楼和玫瑰花"。珍妮弗·波特在她的著作《月季》(2010)中对这个故事做了精细的解析。她指出,在巴勒斯坦,蒂博是在一年中错误的时间里看到蔷薇的。无论如何,拥有百年历史的普罗万玫瑰产业并非基于突厥蔷薇,而是欧洲原产的法国蔷薇,该产业不需要蒂博的一臂之力也能成气候。

突厥蔷薇与大马士革之间的关系早在文艺复兴之前就建立起来了。1554 年,马蒂奥利在评论迪奥斯科里季斯时,用一枚画有十字军城堡纹样的盾牌作为"蔷薇"一词的释义。他的主要目的很简单,就是强调突厥蔷薇是近期才引入欧洲的,而不是古人们所说的植物;不过他没有指明它的引栽者是谁。

对于突厥蔷薇的引入,我们能确定的事情是什么呢?其中一件是,人们从未在野外发现过它;因此它的学名现在写作"Rosa × damascena",以此表明它可能是一个自然杂交种。突厥蔷薇分为两类:夏花型和多次开花型。后者偶尔能在秋季再开一次花。直到 18 世纪末中国的月季花传入以前,这些价值不菲的蔷薇是欧洲仅知的多次开花的种类。奇怪的是,帕金森在对突厥蔷薇的论述中并未提及它的多次开花现象。杰勒德提到了多次开花现象,但未说明哪种蔷薇有这种特点:"这些花可以从 5 月末开到 8 月末,在花期末打顶和修剪多余枝条能使它们多开几次;另外,有时候它们的花期能持续到 10 月,甚至更久。"他说的是不是突厥蔷薇呢?第一个详细说明突厥蔷薇具有二次开花性的人是乔瓦尼·巴蒂斯塔·费拉里,他在《花卉》(1633)一书中提到"意大利的蔷薇四季开花"。这样看来,突厥蔷薇引种到欧洲的确切时间仍然疑点重重,也许能开两次花的品种在 17 世纪以前还没有出现。

因此,在没有实质性内容的情况下,最保险的做法是摒弃任何有关十字军东征将异域蔷薇带到西欧的说法。甚至连纹章学术语"gules"(意为"红色")来自土耳其语或波斯语"gul"(意为"玫瑰花")的说法也受到了质疑。

左下:突厥蔷薇。摘自约翰·帕金森的《植物世界》(1640)的木刻画。

右下:"蔷薇"。摘自彼得罗·安德烈亚·马蒂奥利的《论迪奥斯科里季斯的〈药物〉》(威尼斯,1554)的木刻画。

对页:卢浮城堡。弗兰克·克里斯普爵士在其《中世纪花园》(1924)一书中进行复刻的中世纪绘画(约 1300)。

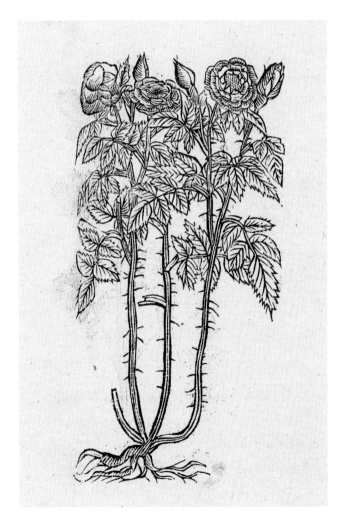

图 242

法国国王腓力三世（Phillip III，1270—1285 在位）时期的卢浮城
堡，显示花坛建在城墙内非常有限的位置。

Rosa Gallica Pontiana.

Rosier du Pont.

P. J. Redouté pinx.

Imprimerie de Rémond

Bessin sculp.

欧洲的红色蔷薇

—— 法国蔷薇

"这种蔷薇拨开历史的迷雾走向我们……",这是凯斯夫人在她的著作《古老的玫瑰》(1935)中对法国蔷薇的评价。其用词很准确地描述了我们对所有早期园艺蔷薇种类的认知。

法国蔷薇原产自欧洲南部和中部、土耳其以及高加索地区。林德利在 1820 年说过："它在瑞士和奥地利的种植量最大，但比贝尔施泰因[1] 在亚洲也找到了这种蔷薇。拉乌[2] 则让我们知悉它在维尔茨堡周边大量滋生，以至于它的匍匐根极大地妨害了玉米的生

---

[1] 弗里德里希·冯·比贝尔施泰因（Friedrich August Marschall von Bieberstein，1768—1826），德国植物学家。——译者注
[2] 安布罗休斯·拉乌（Ambrosius Rau，1784—1830），德国植物学家。——译者注

长。"将近 100 年后，埃伦·威尔莫特（准确地说是帮她写了正文的约翰·吉尔伯特·贝克）表明："它有大量的自发杂交种，野生的法国蔷薇常常会和犬蔷薇、欧洲野蔷薇以及其他物种发生杂交。……尽管一位眼尖的观察者，已故的威尔逊·桑德斯先生在萨里郡的树林中发现了野生的法国蔷薇，但它也从来没有被载入过《英国植物志》。"（此处的叙述略经过加工；兼任皇家园艺学会秘书和财务部长的桑德斯明确表示，该植株可能是园艺逸生的，而且他把它归为桂味蔷薇。）

"普罗万玫瑰"和"普罗旺斯蔷薇"极度混乱，这两个名字被许多作者当作互用名。普罗旺斯蔷薇属于百叶蔷薇类，本书中将用单独一章进行论述；而普罗万玫瑰，或称"药剂师的玫瑰"，则是法国蔷薇和药用法国蔷薇的杂交种，用于入药。19 世纪早期，它仍为处方配药的一部分，亨利·安德鲁斯这样描述它：

> 这种大型蔷薇入药、观赏俱佳。其花朵在药物中的使用（因此得名 *officinalis*，意为"药用的"）胜过许多别的滋补药。它药性温和，补中益气，治疗肺结核尤为见效，备受阿拉伯医生们的推崇。花朵不可以过快干燥，而缓慢制干又会破坏其色泽和质量。它们常和蜂蜜一同泡制成蜜饯。

普罗万的玫瑰产业由此得以蓬勃发展。安德鲁斯还提到了一个事实，那就是法国蔷薇是最知名的重瓣种类：

> 需要特别说明的是，这种蔷薇原产自西班牙和意大利，并从那里进口到我们这里，我们从没

听说过单瓣的普罗旺斯蔷薇，更不用说收到这种植物了。除非常见的普罗旺斯蔷薇的超凡美感与丰富的花量相辅相成，否则我们绝对无法解释这一点，这可能使引入单瓣蔷薇的想法多此一举。

一种较贴切的说法是，观赏性和药用价值平分秋色，确保了法国蔷薇类的普及。

在19世纪初，法国蔷薇不仅是欧洲最受欢迎的园艺蔷薇，也是许多栽培品种的亲本——无论是一开始的芽变选育，还是后来与其他欧洲蔷薇的杂交，都有用到它。约翰·林德利在1820年写道："以'巨人''天鹅绒''主教'等名称闻名的众多重瓣品种是最玲珑标致的。若是香味宜人，可以和略逊一筹的普通蔷薇区分开，那么它们在植物世界中可谓无与伦比。"（'罗莎曼迪'和'约克与兰开斯特'这两个优良的古老品种将单独成章讲述。）雅克-路易·德西梅是杂交法国蔷薇的先驱，但他的事业被拿破仑战争画上了句号：

> 1814年和1815年，德西梅的苗圃被英军摧毁；经历这次不幸后，德西梅不得不放弃他的事业。我把那个国家的掌权者们想得太过正义，不相信是嫉妒造成了这个浩劫。不幸的是，德西梅先生在其中一次入侵期间担任圣丹尼斯市市长，士兵们抓住了他。他请愿了很长一段时间，徒劳地要求政府提供救济，这本来不过是一种正义行为；我们中的一名栽培者被迫向外国人求助。如果有什么东西能让一个必须离开祖国的人感到慰藉的话，那么德西梅从俄国皇帝那里得到的恩惠一定有助于他忘记祖国的冷漠。

让-皮埃尔·维贝尔写了德西梅的回忆录，他接管了德西梅的蔷薇苗圃，并把它们迁到自己位于马恩河畔谢内维埃的苗圃中。在那里，他继续进行蔷薇杂交工作。截至1839年，来自富勒姆的詹姆斯·科尔维尔苗圃的罗伯特·斯威特命名了195个法国蔷薇的品种（对比下来，百叶蔷薇类95种、突厥蔷薇类（大马士革蔷薇类）55种、白蔷薇类35种）；10年后，沃尔瑟姆克罗斯苗圃的主人威廉·保罗命名了523种。18世纪中叶以后，随着人们日益关注中国的月季花，法国蔷薇的杂交种数量急剧下降。

在所有红色的蔷薇中，法国蔷薇类是19世纪以来最受关注的，其次是突厥蔷薇类（大马士革蔷薇类）。比起园艺使用，人们对野生的犬蔷薇和香叶蔷薇更熟悉。长柔毛蔷薇，又名"苹果玫瑰"（得名于它巨大的果实），也频繁出现在园艺蔷薇的名单中。斯威特列出了它的6个亚种，但似乎从未发表过杂交品种，因此蔷薇育种者们忽略了它。一些点缀在欧洲花园里的存疑种类，比如密绢毛蔷薇，后来被降为法国蔷薇的栽培种。

上图：红蔷薇。摘自约翰·杰勒德的《草本志》（1597）的木版画。

对页：法国蔷薇。依据詹姆斯·索尔比在威廉·伍德维尔的《药用植物学》（1790—1813）中的绘画刻出的彩色版画。

Rosa gallica

Published by Dr Woodville May 1.1792.

Rosa, alba, flore pleno

欧洲的白色蔷薇

—— 白蔷薇

花园中的白色蔷薇早已有之，家喻户晓，但你不一定熟悉野生的种类：文艺复兴时期的作家们提到了在野外发现的单花白蔷薇，但如今没有人能信心满满地验明它的正身。它会是来自花园的逸生种吗？

查尔斯一世时期的皇家植物学家约翰·帕金森在1629年描述"英格兰白蔷薇"时说：

> 白蔷薇有两种，其中一种比另一种更壮实，花瓣更多。一种长在荫凉的地方，高达 8～10 英尺[1]，而且能开出硕大的花。另一种则比突厥蔷薇高一点。有的人断定此二者是同一种，不过因气候、土壤或两种因素共存而出现了差异。……不必要再向各位描述它们的花芽、毛被、根须和栽培种了，所有人都擅长培植它们，而我只需要接触这些品种中最特别的部分就可以了……

林奈把一种重瓣的蔷薇称为"白蔷薇"，几代植物学家都认为这不过是一个野生原种的变型。不过，1873 年，植物学家赫尔曼·克赖斯特描述了一种与"白蔷薇"极相似的野生蔷薇，但后者具有介于法国蔷薇和毛梗伞房蔷薇（现被视为带有犬蔷薇血统的杂交种）之间的杂交特性。他的论证被接受了，因此林奈的"种"被重新划分为一个杂交种（最新的分析基于这样一个原则，即杂交蔷薇的性状介于其亲本之间，它绝望地摊手表明"亲本不明确"）。

那么，如果白蔷薇是园艺杂交种，那杰勒德和帕金森，还有其他文艺复兴时期的园艺家们所知的是哪一个类型呢？林德利指出"它在泰恩河河畔归化，但未在本国发现野生植株"。E. A. 邦亚德将被人们称为'极大'白蔷薇的栽培种定义为"早期植物学者们所谓的多花白蔷薇"，他还说："在我看来，这就是文艺复

兴画家们笔下的蔷薇。"从那时起，大多数作者都认同他的鉴定。'极大'白蔷薇有时会返祖为半重瓣型，称为'半重瓣'白蔷薇，它被认为是约克传统的白蔷薇。'极大'白蔷薇也被称为"詹姆斯二世党人玫瑰"[2]，被废黜的詹姆斯二世成为约克公爵后，白色的蔷薇就成了两位"僭位者"[3]支持者们的象征。英俊王子查理的马甲现存于西高地博物馆，上面绣有重瓣的白蔷薇。但有人认为'半重瓣'白蔷薇也适用于园艺。

帕金森在 1629 年还描述了一种白色的蔷薇，他把它称为肉色蔷薇，"incarnata"和"carnation"的字面意思均为"肉色的"。而种加词"incarnata"在文艺复兴时期就被各个作者用来命名大量截然不同的蔷薇。（在 17 世纪下半叶，"pink"一词开始用作颜色词之前，"肉色"能便利地指代一系列粉红色调。）18 世纪，'少女的羞赧'这一别致的名称开始用在一种园艺蔷薇上，它可能就是帕金森所说的种类。邦亚德这样描述它：

> 15 世纪以前它就出现了，是人们最古老的心头好之一。它常常被种在村舍花园里，因生长表现良好、易于养护，无论是在英国还是在欧洲大陆都备受赞誉。'皇家''魅力''长腿仙女''纯洁''肉红'还有其他别出心裁的意译名都表明它受人欢迎。花色上乘者则被称为'动人的长腿仙女'。

---

[1]　1 英尺 ≈ 0.3048 米。——编者注

[2]　原文为 "Jacobite rose"，根据《不列颠百科全书》（Encyclopedia Britannica），"Jacobite" 指英国 1688 年光荣革命后詹姆斯二世的支持者。——编者注

[3]　一位是詹姆斯二世的儿子、世称"老僭位者"的詹姆士·爱德华·斯图亚特；另一位是"老僭位者"的儿子"小僭位者"查理·爱德华。——编者注

至 18 世纪 70 年代，还有一个名为'大花少女胭脂'的品种，它的花朵更大。到 20 世纪，这个问题又有了困惑。邦亚德报道称帕金森说过肉色蔷薇的花色多变，"有一些花色更浅，有一些色如枯槁……但最出挑的花……是亮紫红色（桑葚色）的，与法国蔷薇的品种相当，但后者的颜色没有这么深。"邦亚德说，"没有别的作者描述或描绘过'大花少女胭脂'，告诉我们它会变异……也无人提及浅紫红色和浅紫黑色之类的有用信息。"但这只是邦亚德自己糊涂了，帕金森在旁注里清楚表明他转而讨论法国蔷薇了。

1710 年，威廉·萨蒙在《植物学》一书中区分了大花白蔷薇和小花白蔷薇、白花普罗旺斯蔷薇和白花突厥蔷薇。菲利普·米勒在《园丁词典》（1731）中列出了"普通白蔷薇""小花白蔷薇"和"半重瓣白蔷薇"；1755 年，富勒姆的园丁克里斯托弗·格雷则给出了"双重洁白""白色大马士革"和"月月白"等种类。白蔷薇的园艺种数缓慢增加。伟大的玫瑰育种家让-皮

埃尔·维贝尔在 1824 年说道，"在杜邦[①] 时期，人们只知道 6 个白蔷薇的品种；德西梅先生仅增加了 4 种，而今天我们了解并培植超过 60 个品种。"在英格兰，罗伯特·斯威特于 1839 年列出了 35 种。10 年后，威廉·保罗列出了 61 种。但白蔷薇在 19 世纪的月季新品种培育中并没有发挥作用。人们引栽的品种往往来自芽变选育。例如 1832 年在法国西北部发现的野生'大花'白蔷薇。又比如'天堂'白蔷薇，1810 年以前由安德烈·杜邦引入，格特鲁德·杰基尔后来称赞它为村舍花园蔷薇。人们在谈论'天堂'白蔷薇时，注意到有育出蓝色蔷薇的潜在可能性，维贝尔愤怒地抨击道："你们在哪里见过带蓝晕的白色天堂？杜邦，第一个看到这些蔷薇的人，他的想象力总是不受自制，父爱宠坏了他的眼力。还好我们没他这么幸运，眼里只能看到这种蔷薇美丽的白色。"

---

① 杜邦先生是一位伟大的玫瑰爱好者和育种者，他将当时欧洲人已知的所有玫瑰都汇集在一起。他与让-皮埃尔·维贝尔是好友。——编者注

对页：'极大'白蔷薇。依据潘格拉塞·贝萨在迪阿梅尔·迪蒙索的《树木专论》（新版，1800—1819）第 7 卷中的绘画刻出的彩色版画。

左下：白蔷薇。阿尔弗雷德·帕森斯为埃伦·威尔莫特的《蔷薇属志》（1914）所绘的原图。

右下：白蔷薇。摘自约翰·杰勒德的《草本志》（1597）的木刻画。

Fig.1.

Fig.2.

Fig.1. ROSA alba.   ROSIER blanc.

Fig 2 ROSA Pimpinellifolia.   ROSIER à feuilles de Pimprenelle.

P. Bessa pinx.   Gabriel sculp.

Rosa Gallica Versicolor.   *Rosier de France à fleurs panachées.*

P. J. Redouté pinx.   Imprimerie de Remond.   Langlois sculp.

蔷薇的传说　第二部分

—— 带条纹的蔷薇

亨利二世与罗莎蒙德①的情史深受人们喜欢。正如温斯顿·丘吉尔所说的那样："讨人厌的学者们已经毁掉了这个美好的故事，但它一定能在任何一段正史中找到自己的一席之地。"

丘吉尔详细说道："亨利二世据说已经爱上了'美女罗莎蒙德'，一位拥有绝世美颜的少女 。这个富于想象的故事为几代人所津津乐道：艾莉诺王后凭借蛛丝马迹直捣罗莎蒙德位于伍德斯托克的深闺，并让这位无助的'外室'在匕首和毒酒之间做出艰难选择。"

罗莎蒙德·克利福德死于1176年，其墓碑上的铭文早在16世纪90年代便已模糊难辨，德国旅行家保罗·亨茨纳记录了它残存的部分：

> 她的石碑上剩余铭文的字母几不可辨，如下：
> "……让他们仰慕你，
> 罗莎蒙德，我们愿你安息。"
> 下面这首押韵的悼亡诗可能是一些僧人写的：
> *Hic jacet in tumbâ Rosamundi non Rosamunda,*
> *Non redolet sed olet, quae redolere solet.*

它可以大致翻译为："世界玫瑰寝墓中，美人不与花相同；昔日飘香使人醉，如今芳华不再会。"要不是"*Rosa Mundi*"②一名后来被人们用来指一种红白条纹相间的蔷薇，并和一个中世纪的杰出女子挂钩的话，这个故事可能就以几个拉丁文的双关语迎来了尾声。第一次清晰阐明这种联系的描述来自亨利·安德鲁斯的《蔷薇》（1805）一书：

> 杂色法国蔷薇也叫"'罗莎曼迪'蔷薇""条纹法国蔷薇"或"世界的玫瑰"。

这种优雅的条纹法国蔷薇品种无疑比原种和药用法国蔷薇更吸引人。它那红色的细条纹与白色形成鲜明对比，因而具有相当耀眼的光彩；据此，我们认为"罗莎曼迪"一名最初摘自一篇补注，补注中记载了亨利二世时期那位著名的女子，我们通常称她为"美女罗莎蒙德"（此名意为"玫红小嘴"）。她的红唇被精致的白皙肤色衬托得更加红润，就像玫瑰花一样；而作者则毫无疑问地把它当作了合理说法，没有考虑到它和词源相去甚远，破绽百出。

这样看来，这个传说进一步说明条纹蔷薇'罗莎曼迪'和罗莎蒙德·克利福德有关系，并且可以肯定这个名字在她那个年代就有了。甚至连格雷厄姆·托马斯也认为这种传统基于在叙利亚的花园里发现的一株条纹蔷薇，后来被献给了罗莎蒙德。然而，"罗莎曼迪"一名直到17世纪才出现；托马斯·汉默爵士记载道："'罗莎曼迪'或'圣诞玫瑰'，另一种新的杂纹蔷薇，是几年前在诺福克发现的。它们长在常见的法国蔷薇的枝条上，此后大量繁殖。"

不过，另一种条纹蔷薇承载着更深沉的故事。回想莎士比亚的《亨利六世》第一部分中著名的庙堂花园场景，第二幕第四景：

普兰塔真奈　凡是真正高贵出身不忝所生的人，如果以为我所陈述的为有理，请来和我一同从这株蔷薇树上摘下一朵白蔷薇。

萨　默　塞　凡不是懦夫或谄媚之徒，敢于拥护有理的一方者，请来和我一同从这株蔷薇树上摘下一朵红蔷薇。

---

① 罗莎蒙德·克利福德（Rosamund Clifford, 1150—约1176），英国国王亨利二世的情妇。——译者注
② 拉丁文，意为"世界的玫瑰"。——编者注

瓦 利 克　我不喜欢色彩，所以不带有任何曲意逢迎的意味，我和普兰塔真奈摘下这一朵白蔷薇。

萨 福 克　我和萨默塞摘下这朵红蔷薇；同时表示我以为他有理。

佛　　　南　且慢，诸位大人。不要再摘了……①

　　按莎士比亚的说法——玫瑰战争由此揭开序幕。这个事件没有被人记录下来无关紧要，沃尔特·司各特在19世纪20年代才起用"玫瑰战争"这一说法无关紧要，蔷薇花并非约克家族和兰开斯特家族最重要的纹饰也无关紧要。亨利七世迎娶了约克的伊丽莎白后，蔷薇花才成为王室纹饰，并创造出了新的纹样：都铎玫瑰。在这个纹章里，伊丽莎白的私人纹饰，一朵白色的蔷薇，嵌在兰开斯特的红蔷薇之中。

　　都铎玫瑰没有条纹。但在17世纪早期，约翰·帕金森描述了一种以这两个家族为名的条纹蔷薇：

　　　　杂色蔷薇，某种约克与兰开斯特蔷薇。

　　　　它的外表和株型，包括茎干、枝叶和花，最接近常见的突厥蔷薇；但不同的是，它的花……两种颜色各执一半，有时候是浅白色，而另一半是红色，比常见的突厥蔷薇要浅。这种表现型多次出现，而且有时候，花朵会有若干条纹和斑点，即有一片花瓣为白色，或带有白色的条纹；而其他花瓣则为玫红色，或带有玫红色的条纹。有时候，所有的花瓣上面都有条纹或斑点，大自然似乎是在跟这个品种和其他花玩游戏一样……

　　"约克与兰开斯特"一名在约翰·帕金森的书以及后来的商品清单里都能找到。最终，一些作家认为这个名字不仅仅是献给约克家族和兰开斯特家族的，而是战争开始的时候便已有之。美国的玫瑰苗圃科纳德-派尔在1930年的清单中列出了一款古老的蔷薇，其说明文字似乎有一部分基于帕金森的描述：

　　　　约克与兰开斯特　历史上的蔷薇花

　　　　378年前引入

　　　　这款古色古香的蔷薇最迷人的地方在于它独特的历史背景，我们在此简要介绍一下。

　　　　莎士比亚在《亨利六世》中写出了一个不朽

上图："条纹帕埃斯图姆蔷薇"。詹姆斯·博尔顿约在1790年所绘的彩图。

对页："曼迪蔷薇"。依据托马斯·帕金森在《简易的花朵绘画》（约18世纪70年代）中的绘画刻出的彩色版画。

的伟大传奇，它和一段持续30年的斗争有关，史称"玫瑰战争"……

　　故事里提到，同一棵树上发现的红色的和白色的蔷薇促成了亨利六世的婚姻。厌战的人们很快便将这个现象归结为一种超自然的干预；这个传说在1551年仍十分流行，当时有一位蔷薇采集家（谁呢？）发现一株树上面竟然长着奇怪的杂色蔷薇，有红白二色。两两不尽相同，有一些有条纹，有一些有斑点，有一些二者兼半，有一些则为全红或全白。这个尤物随即被称为"约克与兰开斯特蔷薇"，在交战双方的后裔中供不应求；随后的300年，在英格兰很多花园中都能找到它们的身影。然而，到了19世纪，玫瑰产业大肆发展，这种迷人的蔷薇被人们抛诸脑后。但它的名字仍然是一段珍贵的记忆，其真品却少之又少，且多少混杂了其他种类。1925年，我们幸运地在一批古老的英国藏品中发现了血统纯正的约克与兰开斯特蔷薇，并从中繁殖出了现在所供应的植物。

　　于是，这个故事延续到了20世纪。

---

① ［英］莎士比亚.莎士比亚全集.20,亨利六世（上）［M］.梁实秋,译.北京：中国广播电视出版社,2001：75—77.——编者注

Mundi Rose

Rosen.

CCCLXXIIII.

Ff 4

文艺复兴时期植物志中的蔷薇

——从药物到观赏植物

1849 年，伟大的沃尔瑟姆克罗斯苗圃园丁威廉·保罗做了一场有关玫瑰史的讲座。在讲座中，他阐述了一个任何有兴趣追溯花园植物引栽时间的人都需要牢记的观点。

对页："蔷薇"。法伊特·鲁道夫·施佩克勒依据阿尔布雷赫特·迈尔在莱昂哈特·富克斯的《新草本志》（1543, 德语版《植物志》）中的绘画制作的彩色木刻画。

根据权威植物学家们的记载，1596 年好几个新种蔷薇被引栽到英格兰。原产高加索东部树林中的百叶蔷薇；来自荷兰的苔藓蔷薇；法国蔷薇，上一章提到的条纹蔷薇就是它的一个样例；原产马德拉和非洲北部的麝香蔷薇；产自欧洲南部的黄花蔷薇（*R. lutea*[1]）——据说这些蔷薇都是在 1596 年引入的。第二年又追加了白蔷薇，一个自然生长于皮德蒙特和丹麦的物种。大约在同一时期，有好几种当今最受欢迎的蔷薇的祖先被带到我国的海岸上来。

80 年后，沃尔特·P. 赖特也在思考同样的时间问题，他质疑道："苔藓蔷薇的引入可以回溯到 1596 年，当时有很多关于美丽植物的介绍，我们迫切地想知道它们的记录能不能和杰勒德的著作对上号。"赖特的推测是对的。当确切的引栽日期无从得知时，第一个书面记录植物在花园中出现的日期被认为是最接近的等效日期。于是大量植物的"引入日期"，比如 1596 年（载于约翰·杰勒德的花园清单）、1597 年（载于杰勒德的《草本志》）或 1629 年（载于约翰·帕金森的《人间天堂》），都是有误的。

最早的植物类书籍称为"草本志"。这类书籍最主要的目的是给医疗人员——医生和药剂师们提供所需信息，以便他们辨识植物，并把植物按正确的入药用途进行归类。越早期的草本志，对植物的描述越少。《植物志》（1542）是第一本基于直接观察进行描绘的书，而非拾人牙慧之作。莱昂哈特·富克斯解释"蔷薇"一词所引的插图综合了犬蔷薇和法国蔷薇的特点，

他的描述不过只言片语，理由是人们太熟悉这种植物了，不需要介绍："花园里到处都是它的驯化品种。野生的花在田野中、灌丛里肆意生长。"不仅描述草草了事、缺少细节，而且植物经常以反映名称相似度而不是现代的亲缘关系概念来分组。就像"fish"一词在传统上常用于任意的海洋动物（甲壳类、海星、水母[2]）一样，"rose"一词也被许多欧洲语言用于特征繁多的观赏植物。甚至到了今天，"圣诞玫瑰"（铁筷子属 *Helleborus* spp.）、"岩石玫瑰"（岩蔷薇属 *Cistus* spp.）、"沙龙玫瑰"（茄属 *Solanum* spp.）、"海尔德玫瑰"（欧洲荚蒾 *Viburnum opulus*）等名字仍为人所知；在 16 世纪，偶尔甚至到了 18 世纪，植物学著作有时还会把上述植物纳入蔷薇属植物的讨论。

第一本笔酣墨饱的英文草本志是威廉·特纳的《新草本志》，于 16 世纪 50—60 年代分三部分出版。第三部分（1568）中关于蔷薇的论述略胜于富克斯的版本，他意识到，周边地区的蔷薇种类比古人的著作中记载的要多：

> 蔷薇声名卓著，无须描述 / 迪奥斯科里季斯只提及了一种蔷薇 / 马茨维亚[3]说有两种 / 白色和红色：不过马茨维亚时期之前（没有这种说法）/ 还有其他的好几种，比如突厥蔷薇 / 肉色蔷薇 / 麝香蔷薇 / 以及某些其他种类 / 任何一位老作家都没有提及

---

[1] 该名称现为 *Rosa foetida* 的异名。——译者注

[2] 英文名分别为 shellfish、starfish 和 jellyfish。——译者注

[3] 马茨维亚（Yuhanna ibn Masawaih，约 777—857），聂斯脱里派基督教医生；其名字的拉丁语形式写作 Mesue。——译者注

为保持以名字和药用功能给植物进行分组的潮流，特纳把香叶蔷薇处理为"悬钩子"，但他承认："当我接触到这株蔷薇时，我认为它是香叶蔷薇的数个类型之一 / 且认为它是被大量大作者称为'Kynorrodon'[①]的灌木 / 或称'犬蔷薇'。"16 世纪 80 年代，马蒂亚斯·洛贝尔是第一个把植物按照现今所谓的自然类群来排列的人。

要不是一些编纂者们在药方简介外还涵盖了更广泛的植物学和园艺学资料的话，继续研究草本植物就没什么意义了。一位名叫彼得罗·安德烈亚·马蒂奥利的威尼斯医生毕生致力于鉴定迪奥斯科里季斯在《药物》（关于古代草药的主要著作）一书中所描述的植物。比原书更胜一筹的是，他区分了肉色蔷薇、白蔷薇、突厥蔷薇和麝香蔷薇，并指出这些都是古人们所不知道的。约翰·杰勒德在《草本志》中，分三章（分别为《蔷薇》《麝香蔷薇》和《野生蔷薇》）描述了 17 种蔷薇，且他显然拜倒在了这些充满美感的花朵之下。

---

① 意为"犬蔷薇"，该词来自古希腊语 kyon（狗）和 rhodon（蔷薇）。——译者注

尽管蔷薇是密披锐刺的灌木，但它仍然更适合与世界上最壮丽的花作伴，而不该被丢到低级的荆棘丛中：它们确实值得放在百花中的首席位置。这不仅仅因为它端庄美丽、芳香袭人，更因为它是英格兰君主的荣耀和点缀，它使得两个最重要的家族，兰开斯特和约克结合在一起。

杰勒德列出了 17 种蔷薇；与之相比，帕金森在 1629 年描述了 24 种甚至更多的品种，威廉·萨蒙在 1710 年描述了 32 种，玛丽·劳伦斯在 1799 年描绘了 90 种。10 年后，罗西希列出了 121 种。大多数杰勒德所说的种类如今都能通过其叙述来鉴定。他列出了 6 种园艺蔷薇——白色蔷薇（白蔷薇）、红色蔷薇（法国蔷薇）、突厥蔷薇、大普罗旺斯蔷薇、小普罗旺斯蔷薇（百叶蔷薇），以及一种无刺的蔷薇（法兰克福蔷薇？）；8 种麝香蔷薇——单瓣的和重瓣的麝香蔷薇（麝香蔷薇的品种）、单瓣的和重瓣的黄色蔷薇（异味蔷薇？）、单瓣的和重瓣的香桂玫瑰（桂味蔷薇？）、淡红玫瑰（白蔷薇的栽培种？），以及绒毛玫瑰（密绢毛蔷薇？）；还有 3 种野生的蔷薇——香叶蔷薇、犬蔷薇和密刺蔷薇。

对页："蔷薇"。沃尔夫冈·迈尔佩克依据乔治·利贝拉莱在彼得罗·安德烈亚·马蒂奥利的《论迪奥斯科里季斯的〈药物〉》（1565）中的绘画刻出的木刻画。

左下："蔷薇"。摘自亚当·隆尼策的《草本志》（1593）的彩色木刻画。

右下："蔷薇"。摘自威廉·特纳的《草本志第一及第二部分》（1568）的彩色木刻画。

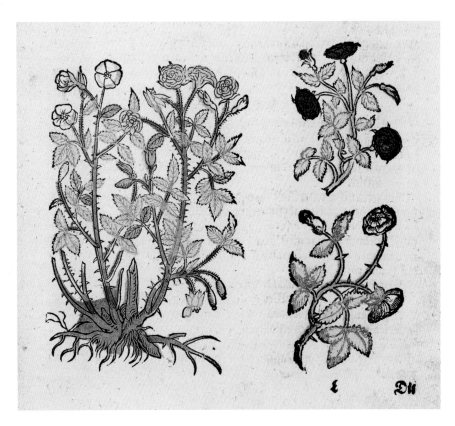

1 *Rosa Damascena.* The Damaske Rose. 2 *Rosa Prouincialis siue Hollandica.* The great Prouince Rose. 3 *Rosa Francafurtensis.* The Franckford Rose. 4 *Rosa rubra humilis.* The dwarfe red Rose. 5 *Rosa Hungarica.* The Hungarian Rose. 6 *Rosa lutea multiplex.* The great double yellow Rose.

17世纪的园艺蔷薇

——人间天堂

我们主要参考约翰·帕金森的《人间天堂》（1629）一书得知英国花园在17世纪早期拥有哪些蔷薇种类。这是第一本关注园林花卉，而非植物药用价值的英文书籍。

这本书的全名 *Paradisi in Sole Paradisus Terrestris* 是一个精心设计的双关语："paradise"一词来自波斯语，意为"花园"，这个标题可以译为"春光满园的人间天堂"。帕金森用了10页的篇幅记载蔷薇，共描述了24种蔷薇，并为其中14种配了插图，不过他的描述和插图有些出入。"它不仅是帕金森所描述的蔷薇中完全重瓣的类型，而且它的花心聚拢，如同我们今天的蔷薇品种。他绘制了这种蔷薇的插图，但其最独特的特征几乎无法通过画作归纳出来"，H.R.达林顿在评论"普罗旺斯重瓣突厥蔷薇/荷兰蔷薇"时如是说。

很多帕金森所描述的蔷薇，杰勒德也描述过：白蔷薇、肉色蔷薇、法国蔷薇、突厥蔷薇、单瓣的及重瓣的桂味蔷薇、法兰克福蔷薇和香叶蔷薇。他增补了'约克与兰开斯特'蔷薇、'深红'法国蔷薇、"水晶蔷薇"、常绿蔷薇和长柔毛蔷薇。

至少帕金森将他的论述限定在我们今天所说的蔷薇属植物上。在古老的药草传统中，名字的相似性是植物分组的充分理由。第一本蔷薇专著——约翰·卡尔·罗森贝格的《蔷薇百科》（1628，我用的是1631年的第二版）——是一本博学的著作而非实用型手册。该书着重于词源学和冷知识，比如书中列出了许多不属于真蔷薇类的"蔷薇"。其中包括"耶利哥玫瑰"（含生草，一种复苏植物）、"非洲金盏花"（万寿菊，曾用名"大印度玫瑰"）、"玫瑰剪秋罗"（毛剪秋罗）、"老普林尼的希腊玫瑰"（皱叶剪秋罗）、"玫瑰树"（夹竹桃）、"岩石玫瑰"（岩蔷薇属），还有各种锦葵、银莲花、铁线莲和芍药等。罗森贝格甚至被一种亚洲的

新晋植物骗了，他把它称为"浅绿蔷薇"。乔瓦尼·巴蒂斯塔·费拉里在《花卉》（1633）一书中对其进行描绘后，"中国蔷薇"（Rosa Sinensis）一名变得更广为人知；这种和蔷薇有关的联系仍然记录在它的现代名称中——朱槿（*Hibiscus rosa-sinensis*）。

17世纪的英国花园里都有什么样的蔷薇呢？如果我们按颜色分类，白色的有原产的欧洲野蔷薇以及3个引栽种类：白蔷薇、麝香蔷薇和不太常见的常绿蔷薇。红色和粉红色的有原产的犬蔷薇和香叶蔷薇，以及4个引栽种类或品种群：突厥蔷薇、法国蔷薇、桂味蔷薇及其近缘类群，加上长柔毛蔷薇。黄色的则有异味蔷薇和半球蔷薇。

蔷薇在花园中扮演着什么样的角色呢？如果我们稍微瞥一眼克里斯宾·凡·德帕斯在《园艺花卉》（1614）一书中所展现的文艺时期的理想花园就会发现，蔷薇在主流花园中的地位微不足道。这些花园主要是为了栽培从君士坦丁堡引入的球根植物——包括郁金香、毛茛和皇冠贝母而建的。蔷薇仅仅作为攀缘或立柱装饰植物，插图中左边的门柱上能看到一株重瓣蔷薇就是一个好例子。弗朗西斯·培根在他的著名散文《论花园》中列出了四季植物清单和芳香植物清单，里面稍微提到了蔷薇。他唯一具体说到蔷薇园艺用途的建议是用香叶蔷薇组成围篱，以及成片种植法国蔷薇。

人们对花的繁殖、丰富的花色和不寻常变异饶有兴趣。拿蔷薇来说，重瓣的蔷薇是个香饽饽，上面列举的许多蔷薇的重瓣品种在整整一个世纪里长盛不衰。17世纪下半叶，通常以香叶蔷薇作为砧木的蔷薇嫁接

是一件众所周知的事情。17世纪80年代，塞缪尔·吉尔伯特提供了以下的通用指南："蔷薇可以通过将芽接到别的砧木上或将枝条压进泥土里的方法来增殖；嫁接要在夏至前后完成，上乘的砧木有突厥蔷薇、白蔷薇、法兰克福蔷薇和野生的香叶蔷薇。"一些园丁试图通过嫁接的方法把观赏蔷薇混植在一起。19世纪伊始，亨利·安德鲁斯说他见过一株种在法纳姆的花园里的长柔毛蔷薇，"上面至少种有16种不同的蔷薇，且它们同时迎来盛花期"。

不过，吉尔伯特推荐用作砧木的法兰克福蔷薇是哪一种呢？克卢修斯在1583年描述了这种蔷薇，它是欧洲所知最早的无刺蔷薇，学名是 *Rosa sine spinis*。到了18世纪，与其说人们种植它是为了观赏，不如说是用作砧木。菲利普·米勒在1731年提到过它："法兰克福蔷薇平淡无奇，因为它的花朵其貌不扬，而且没有香味；但可以用来做砧木，嫁接更多娇弱的蔷薇。"到了19世纪中叶，这种蔷薇在英国显然已无栽培；1859年，唐纳德·比顿在《农舍园丁》一书中质

问道："第一个问题是，似乎在吉尔伯特的时代叫作'玛内蒂'月季、现名'法兰克福蔷薇'的，是什么样的蔷薇呢？我认为我知道是哪种。"——但他没有挑明它是现在的哪一种蔷薇。

除了嫁接，强迫蔷薇在淡季生长的做法引起了更大的关注。塞缪尔·吉尔伯特又给出了一些建议，传递出17世纪后期，一个正在耕种的花园是何种氛围：

> 一些人给出建议，要使蔷薇比平时提早开花，比如把它们置于避光的阴暗房子里、用溶解了热粪的饱和粪水进行浇灌、盖上角肥和石灰肥、温水灌溉等，都能促使它们比自然情况下早开花；我真心认为这样做不值得，因为这样会减淡其他当季开放的美丽花卉的光彩，甚至可以说，此时其他花卉无一可与蔷薇斗色争妍……

> 所以延缓蔷薇的花期更为合理。尤其是新芽才露尖尖角时便摘除花芽，损伤最小，然后等别的花谢了，就把花芽嫁接到它们的枝条上……

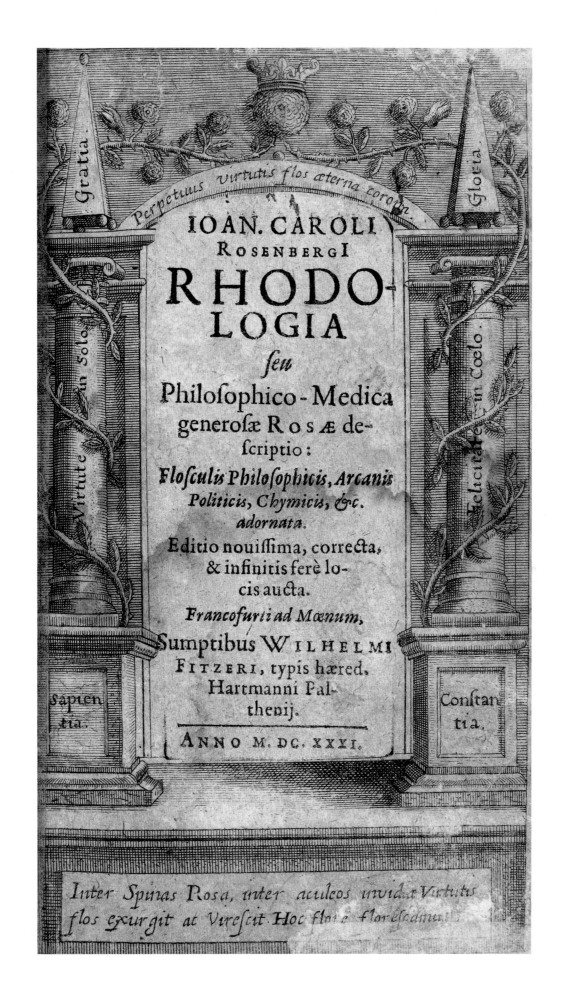

Gratia.

Gloria.

Perpetiuis Virtutis flos æterna corona

Virtute in Solo.

Felicitate in Cœlo.

IOAN. CAROLI
ROSENBERGI
RHODO-
LOGIA
feu
Philofophico - Medica
generofæ Rosæ de-
feriptio:
Flofculis Philofophicis, Arcanis
Politicis, Chymicis, &c.
adornata.
Editio nouiffima, correcta,
& infinitis ferè lo-
cis aucta.
Francofurii ad Mœnum,
Sumptibus WILHELMI
FITZERI, typis hæred.
Hartmanni Pal-
thenij.
ANNO M. DC. XXXI.

Sapien-
tia.

Conftan-
tia.

Inter Spinas Rosa, inter aculeos inuidæ Virtutis
flos exurgit at Virefcit. Hoc flore florefcamus.

百叶蔷薇

——"卷心菜玫瑰"

"旧罗马的迷雾萦绕着百叶蔷薇，英文称作卷心菜玫瑰'the cabbage rose'"，凯斯夫人在《古老的玫瑰》（1935）中写道，"因为它和法国蔷薇有关，百叶蔷薇可能就是帕埃斯图姆蔷薇，而法国蔷薇则是小亚细亚所产的米利都蔷薇。"

"centifolia"一词意为"一百枚叶子的"，因为"花瓣"一词直到18世纪才成为日常用词。但人们早已明白"百叶蔷薇"这个说法指的是花，而不是叶子。

百叶蔷薇的历史相当扑朔迷离。泰奥弗拉斯托斯和老普林尼都描述过百叶蔷薇，对于文艺复兴时期的植物学家们而言，这是一个典型的假设：丰瓣的蔷薇一定就是他们所提到的植物。凯斯夫人的引述显示出这种假设延续到了20世纪；19世纪晚期的玫瑰历史学家乔治·E.琼斯也论述到百叶蔷薇"似乎成为持续研究的主心骨"。遗传学家安·怀利则持有完全相反的观点，她在20世纪50年代提出百叶蔷薇的"出现时间不可能早于18世纪上半叶"。不过，这似乎是一种庸人自扰的说法。16世纪和17世纪之交，欧洲所种植的一种蔷薇在当时被认为是老普林尼所说的"百叶蔷薇"，从当时的插图来看，这似乎是我们今天所知的百叶蔷薇。

约翰·杰勒德在《草本志》中描述过这种蔷薇，他把它称为"荷兰蔷薇，或巴达维亚蔷薇""大荷兰蔷薇，通常被称为'大普罗旺斯蔷薇'"。花的"形状和颜色近于突厥蔷薇，但花瓣更大、更多，以至于花心的黄色花蕊几乎看不见了；它有一股挺好闻的香味，但不及普通的突厥蔷薇"。至于它的起源，杰勒德说道："它一开始来自荷兰，因而得名'荷兰蔷薇'。但最可能是突厥蔷薇的一个表现型，并被大自然塑造得更美。"杰勒德的这段评价照搬了洛贝尔的话，后者在1581年的草本志中将这种蔷薇称为"大花突厥蔷薇"。它的英文名Province rose或Provence rose源自拉丁语 *provincialis*，指罗马的一个省份，位于今天的法国南

部（由此得名普罗旺斯）。

1601年，卡罗卢斯·克卢修斯在他的《珍稀植物志》中发表了一篇关于某种蔷薇的文章，将其称为"第60号蔷薇，巴达维亚百叶蔷薇"。他描述了1589年莱顿的官员约翰·范·霍格兰赠送的第一个标本成功地在两年后开了花，有个别花朵的花瓣多达120枚。随着这种蔷薇在欧洲广泛传播，克卢修斯恢复使用的"百叶蔷薇"一名逐渐取代了"荷兰蔷薇"和"普罗旺斯蔷薇"。18世纪期间，人们开始使用"卷心菜玫瑰"这一形象生动但土里土气的名称；1755年，园丁克里斯托弗·格雷列出了"卷心菜玫瑰"和"荷兰百叶蔷薇"。（和其他早期的园艺名录一样，他的名录仅给出名字，缺乏描述，因此人们无法确定此二者有何不

上图："巴达维亚百叶蔷薇：杂色蔷薇"。摘自克里斯宾·凡·德帕斯《园艺花卉》的木刻画。

对页："巴达维亚百叶蔷薇"。摘自卡罗卢斯·克卢修斯《珍稀植物志》的木刻画。

同。）林奈在 1753 年将其处理为一个物种，并给出了"*Rosa centifolia*"一名；但由于它从未在野外被发现，加上重瓣型的花通常是长期栽培的结果，如今它被当作一个杂交种，名为"*R. × centifolia*"。

百叶蔷薇最重要的一个品种是一款白色的芽变选育品种，名为'独特'。亨利·安德鲁斯讲述了它从引栽走向市场的故事：

白普罗旺斯蔷薇，或称'独特'蔷薇。

在近期新引栽的蔷薇属植物中，白普罗旺斯蔷薇（'独特'蔷薇）毫无疑问是身价最高的。已故的园丁，蔷薇的头号粉丝和收藏家格里姆伍德先生在 1777 年引入了这种蔷薇，而这完全是一个意外。在一次例行夏季旅行中，格里姆伍德经过一位住在萨福克郡尼德姆镇附近的面包师里士满先生的前院时，注意到了这种迷人的植物。一个木匠在邻居——一个荷兰商人的房屋围篱旁发现了它，并把它种在了花园里。当时，荷兰商人正忙着翻新他的老豪宅。格里姆伍德先生索要了一小段切枝，又从里士满先生那里得到了整株植物。

为了报答里士满先生的馈赠，格里姆伍德先生送给他一座上面刻有蔷薇的精致的银奖杯。这种花在节庆中点缀了无数的欢乐时光。它的成株低矮，花期将近 6 个星期，远超其他的普罗旺斯蔷薇，这使得它更加难能可贵。希望我们能够解释为什么直到现在它对我们来说还是陌生的，它又从何而来；但当前我们的信息完全局限于人们对它的随意介绍上。在它获得更多关注、血统被弄得一清二楚之前，我们都会把它视为原产植物。

格里姆伍德在 1783 年的名录中列出了这种蔷薇。不过，其他版本的故事亦有流传。曾在格里姆伍德手下担任工头、后来在小切尔西村当独立园丁的亨利·谢勒及其子在后来的故事版本中说到，该蔷薇不是被当作礼物送出去的，而是花 5 坚尼[①]买下来的。在邦亚德回忆的翻版故事中，萨福克郡的面包师则变成了一位老妪。

---

① 几尼（guinea）为英国旧时一种货币，1 几尼等于 1.05 英镑。——译者注

Rosa centifolia Batavica.

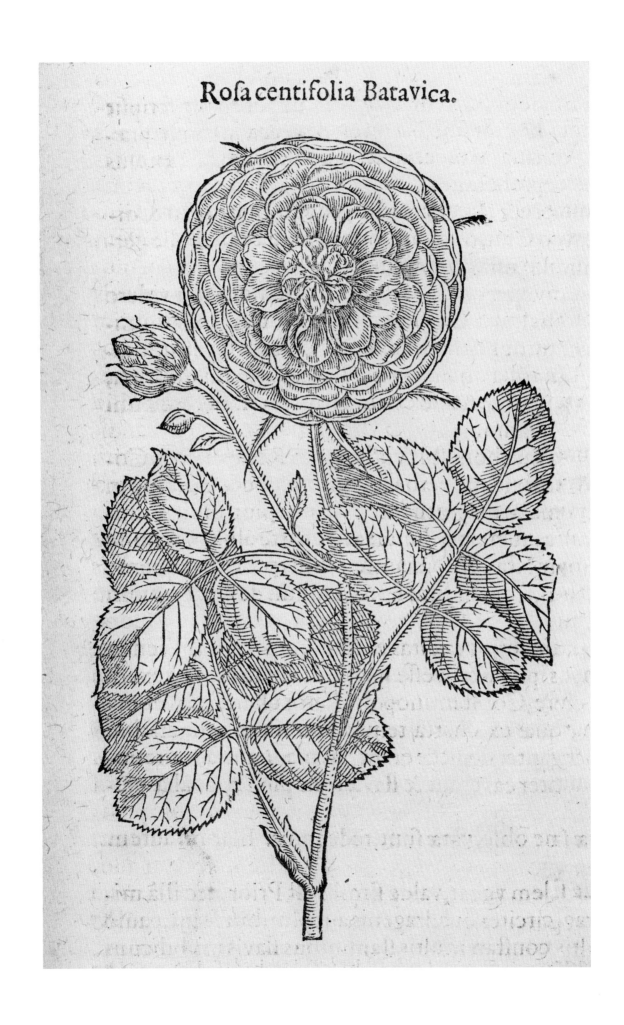

Rosa. moschata Var. flore pleno

麝香蔷薇

—— 身份之谜

麝香蔷薇可以通过香味来辨识，但这并非一种十分精准的区分手段。杰勒德描述了6种"麝香蔷薇"，其中包括异味蔷薇和五月花蔷薇。

格雷厄姆·托马斯曾经说过，一定有3种不同的麝香蔷薇："一种是莎士比亚所说的，一种是早期的植物学家们所指的，一种是花园中所栽的。"莎士比亚所说的无疑是欧洲野蔷薇；杰勒德所指的"大麝香蔷薇""秋天开花或落叶"的肯定是麝香蔷薇本种；花园中所栽的，在埃伦·威尔莫特的《蔷薇属志》中名为"麝香蔷薇"的，可能是复伞房蔷薇（实际上，早期的植物学家们对此也是一头雾水，由于某种不明原因，麝香蔷薇有时候被说成是突厥蔷薇）。

杰勒德提到"大麝香蔷薇"被栽培在花园里，但在英格兰的野外并未发现。帕金森在30年后指出了麝香蔷薇的园艺价值，他说："这些蔷薇有时候可以长得非常高，超过花园中的任何一株树，或种在房屋一旁，高度甚至超过10~12英尺。"——换句话说，这是当时最接近攀缘蔷薇的物种。

20世纪中叶，麝香蔷薇的正身引发了一场大讨论，各种大相径庭的观点都有。诺曼·扬在1960年说道："麝香蔷薇是如假包换的天然种，产自地中海东岸；花为白色，直径达5厘米，6朵或7朵簇生，6月末迎来花期。"德斯蒙德·克拉克在修改威廉·杰克逊·比恩的《不列颠群岛的耐寒树木》中"蔷薇属"一节时，得出的结论是"麝香蔷薇在野外的原始状态并不为人所知"。没有人可以信心满满地鉴定古老的标本，克拉克甚至提到麝香蔷薇被认为已经在英国灭绝了。他们的争论和辩驳非常有趣，但此处不再一一赘述。格雷厄姆·托马斯在已故的爱德华·鲍尔斯位于米德尔顿的花园里发现了一株古老的麝香蔷薇，让这个问题得以解决。早在1820年，约翰·林德利便

将一种新发现的、产于喜马拉雅的蔷薇命名为 *Rosa brunonii*（复伞房蔷薇）；1879年，弗朗索瓦·克雷潘认为它是 *Rosa moschata*（麝香蔷薇）的异名，混乱就此产生。托马斯总结说：

无论复伞房蔷薇和麝香蔷薇在植物学上的

关系如何，在栽培者的眼中，二者大有不同。前者……是大型的藤本，长达或超过 40 英尺，修长柔软的叶子常为灰白色，且花朵恒为杯状。后者则是株型松散的灌木，最高 12 英尺左右，叶子与犬蔷薇相似；花瓣从展平的甚至是反折的边缘卷回来。不管是种在花园中还是制成干燥标本，二者都不会被弄混。

凯斯夫人在 1935 年出版的《古老的玫瑰》一书中区分了这两个物种：

> 麝香蔷薇的花期一旦开始便会持续到冰霜来临之时，复伞房蔷薇则仅在夏季开花。在野蔷薇彻底征服花园之前，麝香蔷薇状和复伞房蔷薇状的杂交蔓性蔷薇及攀缘类蔷薇是老式花园中的常客。
>
> 只有在理想的环境中，它们天然的麝香味才会浓郁扑鼻。温暖潮湿的环境中，空气流通之时，最好是一个晴暖日子的夜间，它的香味仿佛浪漫爱情的芬芳，飘至 10 英尺、20 英尺，甚至 30 英尺开外。

由此可以推测古老的麝香蔷薇并没有在美国的花园中消失。但由于缺乏吻合园艺栽培种的可靠野生标本，人们曾怀疑麝香蔷薇到底是天然的物种，还是起源于杂交。

直到 19 世纪，麝香蔷薇仍被视为珍贵的花园植物，威廉·保罗等园丁们都把它列入清单。麝香蔷薇参与到了诺伊塞特月季的育种工作中，也因此成为杂交茶香月季的祖先之一。有趣的是，它和 20 世纪的一类新贵——"杂交麝香蔷薇"的关系离得很远。约瑟夫·彭伯顿，埃塞克斯郡哈弗令-阿特-鲍尔村的一名牧师，在其构想里记下了自己的决心："我要努力育出一类在秋天集群开放的蔷薇，以衔接蔓性蔷薇类的花期。此后，这类蔷薇就称为杂交麝香蔷薇。……它们当中的大部分都是纯粹简单的丛生蔷薇花……"罗斯玛丽·詹姆斯称"杂交麝香蔷薇"一名"蠢得要命"，并指出彭伯顿的第一代杂交种产生的第八子代会和麝香蔷薇发生性状分离——随后每一次杂交，情况都变得越来越糟。

杂交麝香蔷薇第一阶段的进展来自德国园丁彼得·兰贝特在 20 世纪初培育的一组品种，他把它们称

为"兰贝特蔷薇"——一个昙花一现的名称。彭伯顿用他的品种'试验品'和各种各样的杂交茶香月季杂交，其首个杂交种于 1911 年问世。直到 1939 年去世前，他一直在培育新的杂交品种，结果育出了一类独特的馥郁非凡、重复开花的灌木月季。石勒苏益格-荷尔斯泰因州的园丁威尔海姆·科德斯则更进一步，他使用彭伯顿的品种'罗宾汉'作为 20 世纪 30 年代育种计划的基础；同时把自己的杂交种归为杂交麝香月季。至此，最初的麝香味已经从这类蔷薇里消失得无影无踪了。

上图：麝香蔷薇。依据约翰·沙夫或马丁·塞德尔迈尔在尼古劳斯·冯·雅坎《美泉宫皇家花园的稀有植物》（1797—1804）中的绘画制作的彩色版画。

对页：麝香蔷薇。沙皮依据皮埃尔-约瑟夫·雷杜德在《蔷薇》（1817—1824）第 1卷中所画的图 5 制作的彩色版画。

Rosa moschata.　　　　　　　*Rosier musque.*

P. J. Redouté pinx.　　　Imprimerie de Remond.　　　Chapuy sculp.

Rosa Sulfurea.　　　　*Rosier jaune de souffre.*

P.J. Redouté pinx.　　　　Imprimerie de Rémond　　　　Langlois sculp.

黄色蔷薇和绿色蔷薇

—— 色系的拓宽

尝试获得和改良黄花的物种和品种占了玫瑰史的很大一部分。原产欧洲的黄色蔷薇只有一种：异味蔷薇，过去也叫作黄花蔷薇。

杰勒德在 16 世纪 90 年代种过这种蔷薇：

> 黄花蔷薇（正如一些人所说的那样）是艺术所缔造的，它颜色鲜艳、多彩多姿。将一株野生的蔷薇嫁接到黄花蔷薇的枝干上能改变它的气质；（据说）这不仅会改变它的花色，也会改变它的香味和株型。但我在自己的种植经验里有了截然不同的发现，因此并不相信这套说法：这种蔷薇的根出条和后代，比如主干和母株都孕育出了黄色的花朵，在其他嫁接植物中还未观察到这种现象。

这很好地证明了英格兰的第一株栽培的黄色蔷薇是嫁接产物，且嫁接这种生理机能在当时仍带有神话和传言色彩。

下一种被引栽到西欧的黄色蔷薇是半球蔷薇，它最初以重瓣型为人所知（其单瓣型原产土耳其和西亚）。直到 19 世纪，它仍是欧洲唯一的重瓣黄色蔷薇。杰勒德描述过一种重瓣的黄色蔷薇，"它在伦敦相当罕见，被当成稀世珍宝种在我们的主要花园中"。1629年，约翰·帕金森给出了更完整的说明：

> 无论是稀有度还是重瓣性，重瓣黄蔷薇都相当难得……但在英国只有一小部分的花可以盛放，我们认为这是英国过于潮湿、花期雨量过丰所致；因此，许多人要么把它种在墙边，要么对其进行遮盖保护。……有一个小镇能让它落地生根，勉强不受风雨之害，但我对此仅仅略有耳闻；不过它在天清气朗的时候或在英国的大部分地区都可以长得花繁叶茂，（我听说）在北部则不尽如人意了。

这是个长年未决的难题。威廉·萨蒙在 1710 年提醒道："我们无法使它的每一朵花都开得完美无缺，因为它们中的大部分都在含苞之际掉落或枯萎了。"菲利普·米勒在 1731 年说道："在伦敦方圆 8～10 英里（12～16 千米）内很少有花团锦簇的黄花蔷薇，但在大不列颠的北部则繁花似锦。这种蔷薇一定有朝北的习性，要是种在太暖和的地方，它便不会开花。"还有，托马斯·里弗斯在 1837 年提出建议：

> 一些"花蕾蛀虫"常常导致它们的花在成熟前掉落。为了解决这个问题，人们提出了各种各样的建议：有的人说把它种在朝南的墙边；其他人则说要朝北面种植，辅以水槽滴灌，因为它需要潮湿的环境。这些都是无稽之谈。黄色普罗旺斯蔷薇原产自温暖的气候区，因此它需要的是温暖的环境、空气流通的朝向以及肥沃的土壤。

芽变选育过程中偶然产生了一株绿色的蔷薇，花的部分已经发展出了光合作用的能力。这绝无仅有的突变抓住了园艺界的眼球。在 1855 年的巴黎园艺博览会上，欧仁·韦迪耶展出了一株他所谓的"绿花蔷薇"，一个源自'月月粉'月季的芽变。J. A. 普朗松话中带刺地赞赏这个现象：

> 绿色的蔷薇八面玲珑，光彩照人；欧仁·韦

迪耶先生展出了非常多的样本，供爱好者们日后品评。绿色的蔷薇太可怜了！再过几年，她将不复存在。但这正是她想要的：像她的姐妹们一样花色多变，让人们的赞美溢于言表。她意识到自己的点缀太过寒酸，无法留住追崇者们，也无法再获得抓住眼球的绚烂色彩了。

不过，展览中出现了一些有趣的问题。更不用说年轻的阿方斯·拉瓦莱用它来抛砖引玉，写进其关于植物畸形学的学术论文中，并在《法国园艺家》上发表了。（"绿色的蔷薇！这是否不可能成真呢？……恶魔说，就是这样！投机的造化则说，反对！是的，的确如此。但大自然偶尔会给我们摆出个例现象，引导我们通过研究这些奇葩来找出其构成的简单法则。"）韦迪耶从一位美国苗圃主那里得到了他的样本；同年展出的另一株绿色的蔷薇是米耶莱先生从梅达韦尔的苗圃主 E. G. 亨德森那里得来的，而亨德森的标本则是从美国换

来的；第二年，另一株绿色的蔷薇在柏林展出。1856年10月4日，约翰·林德利在《园丁纪事》的问答专栏中回复曾给他寄过绿色的蔷薇标本以供检视的 J. M.："这是花瓣变化最完整的例子，变成我们尚未见过的叶状等。如果这是永久性的，那即使它貌不惊人，也是一个极好的珍品。我们看到了《温室植物》一书中它的插图，名为'孟加拉绿花蔷薇'，来自米耶莱先生。他承认他所种的绿色蔷薇来自某些英国的苗圃，是你寄给他的吗？"（没有得到回复，但除非 J. M. 在亨德森那里打工，否则米耶莱不大可能得到这种蔷薇。）

这不是人们最后一次听到"绿色蔷薇"一名。60年后，切森特的苗圃主乔治·保罗回忆起1855年的那次展览，觉得很是新奇。1889年，他的叔叔及竞争对手威廉·保罗在皇家园艺学会展出了"绿花蔷薇"。1907年，维卡里·吉布斯将其种在奥尔登纳姆庄园中。彼时，绿色的蔷薇花时不时还会露脸，但它从未在园林花卉中成功立足。

左下：黄花蔷薇。摘自约翰·杰勒德的《草本志》(1597) 的木刻画。

右下：绿花蔷薇。维斯多所绘，摘自《玫瑰花与玫瑰花丛》(巴黎，约1873) 的手工上色石版画。

对页："孟加拉绿花蔷薇"。摘自《欧洲的温室及花园植物》第 11 卷（约1856）的彩色石版画。

4 Rosa lutea.
The yellow Rose.

ROSIER BENGALE à fleurs vertes.

accident de culture.

Rustique.
XI, 131.

Rosa. muscosa.

Moss. Provence. Rose.

Published by Mary Lawrance N.º 83. Queen Ann Street East, Feb.ʳ 1797.

苔藓蔷薇

—— 珍贵的变异

苔藓蔷薇是由一种突变产生的，该突变使得花蕾周围的腺毛形成许多小分枝，产生了苔藓般的外表。这种现象主要发生在百叶蔷薇身上，但其他蔷薇也有。

苔藓般的外表第一次被观察到是什么时候？苔藓蔷薇又是如何进入欧洲花园的呢？如果你备好了铜牙铁齿，现在就来咬文嚼字吧。

传说一可以在 20 世纪早期的著作中找到。比如沃尔特·P. 赖特提道"苔藓蔷薇的出现可以回溯到神奇的 1596 年"，那一年，杰勒德列出了一张花园清单。其实不然：清单中的蔷薇基于杰勒德对法国蔷薇的错误描述，二者完全不是同一种东西。

传说二出现在维克托·帕凯 1845 年的著作《选择最美丽的玫瑰》里：帕凯引用了一项声明，说明它在 18 世纪 70 年代的时候就从英国引入到法国了。"为了我们国家的荣耀，必须消灭错误。从 1746 年起，苔藓蔷薇在科唐坦半岛的贝桑地区便有栽培。海峡群岛的部分海岸也有，是弗雷亚尔·杜·卡斯特尔（拉乌尔-阿德里安）从卡尔卡松带回来的。那里的人们在半个世纪前就知道这种蔷薇了。" C. C. 赫斯特在他对苔藓蔷薇的开创性遗传研究中复述了这个故事（1922），但他错误地认为这个故事摘自一本不存在的书，由弗雷亚尔出版于 1746 年（弗雷亚尔在 1764 年出版的《花匠学院》中只字未提苔藓蔷薇）。帕凯并未给出其故事的来源。

因此，让我们回看关于苔藓蔷薇起源的第一个明确描述，即 18 世纪早期切尔西草药园的负责人菲利普·米勒所说的：

> 刺极多、茎干苔藓状的重瓣红蔷薇通常被称为"苔藓普罗旺斯蔷薇"。
>
> 人们知道英国有这种蔷薇不过寥寥数年的时间：我第一次见到这种蔷薇是在 1727 年，在布尔哈弗博士位于莱顿附近的花园中。他为人很好，送了我一株；但我不晓得它最初来自哪里。它可

能是一些其他重瓣的蔷薇籽播出来的品种；因为我常常播种蔷薇，也总是发现重瓣花能种出不同的重瓣后代，单瓣的花种出来的则一成不变；但重瓣花所孕育的品种花色各异，几乎没有与母本相同的花色。

实际上，布尔哈弗在 1720 年为莱顿植物园所列的植物清单里才加了"重瓣红蔷薇，花梗的刺极多，呈苔藓状"。在 1710 年的清单中它并不存在，因此它很

可能是在那 10 年间发现的。

米勒有可能把这种蔷薇引入了市场。在其 1724
年的著作《园丁与花匠词典》[即日后大获成功的《园
丁词典》(1731) 之原型] 的末尾，他收录了一组来自
伦敦园丁的苗木清单。其中一位，肯辛顿的苗圃主罗
伯特·弗伯列出了苔藓蔷薇，比米勒从布尔哈弗那里
得到标本的时间早 3 年。赫斯特给出了最为可能的解
释："它在名单里只是对一种前景光明的新事物的睿智
预测，3 年后才由他的同事米勒从荷兰引入。"米勒将
"苔藓普罗旺斯蔷薇"写进第 1 版《园丁词典》(1731)
里，而在第 8 版 (1768) 中则把它视为一个物种，名
为"Rosa muscosa"。威廉·艾顿在他的《邱园栽培植
物》中接受此名，但质疑它的种级分类地位。约翰·贝
伦登·克尔 (后名克尔-高勒) 在《植物学索引》中撰
文否认它是一个物种：

> 在大部分后世的植物学处理中，苔藓蔷薇都
> 被记录为独立物种，名为"Rosa muscosa"。但在
> 詹姆斯·史密斯爵士对蔷薇属植物的更为新近的
> 描述里，我们发现它被嵌在普罗旺斯蔷薇中，为
> 后者的一个品种。它不是普罗旺斯蔷薇的品种，
> 就是百叶蔷薇的品种，这是它第一次被提及时就
> 有的观点。……目前我们已知的唯一一个苔藓蔷
> 薇的品种无法由籽播获得；但可以通过特殊的培
> 育 (无论是无意地还是有意地) 使它重瓣化，或
> 更确切地说是转变为完全重瓣的状态。随后我们
> 发现它是不育的，这是我们从诱导这种状态的模
> 式中应该预料到的……

一旦普罗旺斯蔷薇和百叶蔷薇归并，就不用再争
论名字和地位问题了。

18 世纪人们所知的麝香蔷薇是粉红色的。1788
年出现了芽变选育的白色苔藓蔷薇，并由其发现者亨
利·谢勒扩繁和传播。后来，他的儿子详述了这个故事：

> 说到 1788 年第一次育成的白色苔藓蔷薇，
> 初育自根出条或地下枝。我的父亲、小切尔西的
> 苗圃主，粗放的苔藓蔷薇种植家亨利·谢勒注意
> 到这是来自红色苔藓蔷薇的一个 "lusus naturae
> (自然芽变，也可解释为大自然的一个小把戏)"，
> 他把它剪切下来并芽接到了 '白独特' 蔷薇上。
> 花蕾在接下来的季节里开出了淡粉红色的花；随
> 之变得更为洁白；接着，它也出现在了安德鲁斯

的画作《玫瑰园》中，名为"谢勒的白色苔藓蔷
薇"。父亲随后将其售出，第一株卖给了金博尔
顿勋爵，然后是布兰福德侯爵、克里弗德男爵夫
人、格洛斯特公爵，每株大约 5 坚尼。他一直以
这个价格卖了 3 年；他后来和梅斯尔斯签订了买
卖合同。来自哈默史密斯的李氏与肯氏苗圃则以
每株 20 先令的价格购买了我父亲 3 年的种植量，
规定他卖给任何人的价格不能低于每株 42 先令。

谢勒后来成为伦敦园艺学会[1]的一名早期成员。在
1819 年的大会上，他展出了一株苔藓蔷薇藏品，它的一
根枝条上同时盛开着苔藓蔷薇和粉红色的百叶蔷薇。

苔藓蔷薇在 19 世纪和 20 世纪都大受欢迎。尽管
一些育种者们满怀希望地用它们来培育新品种，但却
收效甚微。威廉·保罗在 1848 年引用了一封伟大的玫
瑰育种家让·拉费的信，宣布他将退休并预言说："我
相信我们以后会看到许多美丽的蔷薇，它们将力压我
们现在喜爱的品种。苔藓蔷薇很快也会在园艺史上写
下浓墨重彩的一笔。"

---

[1] 1860 年改名为皇家园艺学会。——编者注

ROSA XII.

154.

A.L.Wirsing Sc. et exc. Norimberg 1783.

18世纪的园艺蔷薇

—— 分类学家与收藏家

让我们从一些统计数字说起。林奈在其《植物种志》(1753)中列出了 12 种蔷薇；19 世纪初，邱园的园长威廉·汤森·艾顿在他的《邱园栽培植物》里列出了 37 种蔷薇。(暂且忽略这两个清单中的好几种后来被证实是杂交种的事实。)

1710 年，威廉·萨蒙列出了 32 种蔷薇。在第 1 版《园丁词典》(1731) 中，菲利普·米勒列出了 46 种，到了第 8 版 (1768) 的时候，他采用了林奈式的命名法和分类法，改进了自己的分类处理，列出了 22 个种以及 25 个品种。

> 如今英国花园中种植着各式各样的重瓣蔷薇；它们中的大部分都是无意间播种出来的，所以不能把它们看作确切的种。我加上了它们的园艺通用名称，这样一来，那些倾向于收集所有品种的人就不会不知道它们叫什么。我相信之前列举的种类是不同的物种，因为它们的特征不同，尽管很难确定是否确实如此。因此尽管我有极大的理由相信它们是不同的，我也没有断言它们是独立的物种。

关于苗圃能提供哪些蔷薇，在兰贝斯，理查德·诺思经营的一家小苗圃可以说是一个典例。1759 年，他提供了 13 种蔷薇：桂味蔷薇、红色蔷薇（法国蔷薇）、白色蔷薇（白蔷薇）、'约克与兰开斯特'蔷薇、红色突厥蔷薇、白色突厥蔷薇、淡红蔷薇、普罗旺斯蔷薇、密绢毛蔷薇、百叶蔷薇、'罗莎曼迪'红纹蔷薇、密刺蔷薇和麝香蔷薇。但位于大都会的最大型苗圃提供的种类要多得多：克里斯托弗·格雷在 1755 年的清单里列出了 39 种，丹尼尔·格里姆伍德在 1783 年的清单里列出了 66 种。研究老苗圃清单的先驱约翰·哈维将 18 世纪中叶的蔷薇贸易总结为"停滞期"，但他指出：

一个备受瞩目的快节奏交易期很快来临了。1768 年，弗伯苗圃的继承人约翰·威廉森将'勃艮第'蔷薇以每株 7 先令 6 便士的高价卖给威尔士王妃用于邱园的种植……到了 1775 年，它们被列入约克特尔福德苗圃的商品目录，并用墨水注明价格为每株 5 先令。1787 年，伯明翰的布伦顿苗圃清单则列出了矮株和高株的'勃艮第'蔷薇，每株价格为 3 先令；1787 年至 1797 年，北部公司的清单则注明矮株'勃艮第'蔷薇每株 1 先令 6 便士，高株'勃艮第'蔷薇每株 2 先令。1775 年，特尔福德以每株 5 先令的价格上市'莫城玫瑰'，到了 1782 年，它在布兰顿也买得到了。1783 年至 1797 年，北部公司和苏格兰公司的清单显示其价格掉到了每株 2 先令。……英国蔷薇种植的现代热潮从此发展了起来。

至少米勒给出了一些简短的描述；而贸易清单只提供名称，人们很难考证这些蔷薇的实物。以米勒所说的'淡红比利时'蔷薇和'红比利时'蔷薇为例，按《现代月季》一书的说法，它是犬蔷薇和白蔷薇的杂交种；但植物学家们则将比利时蔷薇作为突厥蔷薇的异名。格雷列出了单瓣的和重瓣的'纯洁'蔷薇，此二者很可能都是垂枝蔷薇开粉红色花的变型。格雷和米勒都提到了'富花'蔷薇（'Childing'），"childing"是一个用来描述花朵分芽繁殖的术语，因此这很可能是某种类型的百叶蔷薇。'勃艮第'蔷薇可能是曾经被称为小叶百叶蔷薇的植物，如今被视为百叶蔷薇类。

那时候人们还没有产生杂交蔷薇的概念。在杂交育种之前，需要知道植物有雌雄之分，而这在 17 世纪和 18 世纪早期是个饱受争议的命题。1717 年，霍克斯顿的苗圃主托马斯·费尔柴尔德创造了第一种已知的杂交植物，他用香石竹和须苞石竹杂交，创造出了性状介于其亲本之间的植物，取名'费尔柴尔德的骡子'，因为它是不育的。第一个观赏植物的杂交项目直到接近 18 世纪末期才开始，但对象并不是蔷薇，而是欧石楠（由地处图厅的罗里森苗圃进行）。但在 18 世纪结束以前，人们已经在进行第一次蔷薇杂交试验了。

18 世纪 90 年代，古董商弗朗西斯·杜斯在伦敦的高尔街上给自家的房子建了一个城镇花园。园子设计简朴，巨大的中央花坛周围是步道，墙垣外侧则有镶边和藩篱。平面图中标明了蔷薇的位置，它们被种在中央花坛的外缘。"大花坛中的蔷薇花边组成了一个芬芳的环道，而园子的正中央则零星种着开花的落叶或常绿乔木及灌木。这种布置营造了一个'金字形神塔'。……大花坛中的苗木自由生长，美感十足"。这些蔷薇包括黄花蔷薇、异味蔷薇、麝香蔷薇、苔藓蔷薇、白色的及红色的百叶蔷薇、常绿蔷薇和宾夕法尼亚蔷薇——从它们的位置布局来看，这些蔷薇全都种得矮矮的。这清楚地表明，在大型蔷薇杂交项目开始之前，人们收集蔷薇品种纯粹用于装饰。

同时，在 18 世纪末尾，出现了一类关于蔷薇的新型出版物：蔷薇品种图解百科。18 世纪 90 年代期间，住在伦敦波特兰坊的植物学绘画老师玛丽·劳伦斯建议一位颇有头面的客户为她的教学制定一个蔷薇品种绘图项目，并于 1799 年集结成书籍出版（最早的图版是 1793 年画的，其中的大部分则始于 1796 年）。这本书只有绘画，没有文字介绍；但它在欧洲广为流传，并引发增加了文字描述的出版物的激烈竞争。卡尔·戈特洛布·罗西希在 1802 年开始创作《大自然的玫瑰彩绘》，1820 年完成并出版，书中共有 60 幅插图，并配上了德语和法语的文本（毕竟，大部书都是在德国各州受法国统治时出版的）。1805 年，已经出版过大量有关欧石楠以及其他植物书籍的亨利·查尔斯·安德鲁斯开始编绘《蔷薇》一书，这项工作持续到了 1828 年，共计画了 122 幅插图。最后出现了由植物艺术家皮埃尔-约瑟夫·雷杜德创作的三卷本《蔷薇》，其名声如雷贯耳，以至于他的名字在扉页上的位置比文字作者克劳德·安托万·托里更显眼：他在 1817 年至 1824 年间绘制了 324 幅插图。安德鲁斯和雷杜德都设法在他们的著作中抢占了 19 世纪杂交项目的先机。

左下："重瓣红蔷薇"和"帕埃斯图姆玫瑰"。依据约翰·塞巴斯蒂安·米勒在菲利普·米勒的《〈园丁词典〉中的非凡植物图集》中的绘画刻出的手工上色版画。

右下："蔷薇"。詹姆斯·波尔顿约在 1790 年所绘的原图。

对页："Rosa aculeata，叶背有类似香叶蔷薇的香味／香叶蔷薇"。约翰·希罗尼穆斯·克尼佛夫在《原始植物》（1757—1764）第 7 卷（1760）中印出的彩色自然印刷画。

a. Rosa versico-lor, Passe d'Angleterre b. Rosa Praenestina versicolor. c. Rosa rubra Milesia flore pleno. d. Rosa praecox spinosa flore albo.

香叶蔷薇

—— 从芳香围篱走进花园

香叶蔷薇是一种原产英国的物种，英文名为 "sweetbrier" 或 "eglantine"，杰勒德、帕金森以及其他早期作家对它都不陌生。

对页：双色黄花蔷薇。依据亨利·查尔斯·安德鲁斯在《蔷薇》（1805—1828）中的绘画刻出的手工上色版画。

下图：黄花香叶蔷薇。依据亨利·查尔斯·安德鲁斯在《蔷薇》（1805—1828）中的绘画刻出的手工上色版画。

杰弗里·格里格森记载了28个香叶蔷薇在英国周边的地方名，这些名字大多数都是改变 "brier" 的拼写，但也包括诸如"法学家"之类的古怪称呼（见于萨里郡、沃里克郡）。林奈将其称作 "Rose eglanteria"，但在19世纪之初，一些作者——比如亨利·安德鲁斯——认为它只是香叶蔷薇的一个表现型，这也是它如今公认的植物学名称。

然而，就像一般的野生蔷薇一样，香叶蔷薇也被认为和花园格格不入，且药用价值微乎其微。虽然偶尔会出现重瓣花型，但它能够跻身花园似乎是因为它的香味。威廉·萨蒙写道："这种蔷薇因叶子甜香而声名大噪，几乎每座花园里都有种植，而野生的则生于丛林和围篱中。"根据菲利普·米勒在1731年给出的说法，它也被用于插花：

尽管在英国的一些地区有野生的香叶蔷薇，但由于它们的叶子极香，因此被种在许多猎奇的花园中。每年春天，尤其是下过阵雨之后，其叶子的香气能熏染周围的空气。这种蔷薇的花朵单生，不受人们重视，但可以剪下它的枝条，混合其他花朵，放在花盆中装点礼堂、客厅等地方。在春天里，对于大多数人而言，它的芬芳是招人喜爱的。

在正统玫瑰园和树状月季的鼎盛时期，人们对尝试杂交香叶蔷薇的品种提不起劲。但是，当野生花园在19世纪后期受到青睐之后，香叶蔷薇也开始显露它的诱人之处了。彭赞斯勋爵在1892年写道："这是一个富有魅力的物种，它的花有时外表不整齐，一些部位也不规整，大多数人对此都感到欢欣雀跃。'风景如画'一词用在花朵身上准不准确？"

彭赞斯勋爵（前詹姆斯·怀尔德爵士）在跃升为贵族、投身教会法庭和教堂改革之前，是一名风头无两的离婚法院的法官，一位糊里糊涂的扫黄官员。他在职业生涯的最后阶段对培育蔷薇产生了兴趣。

在接下来的故事中，香叶蔷薇力证了它自身作为一个新类群当之无愧的基础。首先，它适应本地的土壤和气候，可以抵御英国冬季最恶劣天气的侵袭。它对霉菌病的抗性优越，并且很少出现其他蔷薇会遇到的问题。我发现我没想到的是，它是个一流的种子传播者，当用其他蔷薇的花粉为其授粉时，它的结实率非常高，不同于我有限的经验中见过的任何一类蔷薇。

在我开始工作后不久，我给20朵香叶蔷薇授了其他蔷薇的花粉，其中19朵结出了果实……

彭赞斯勋爵用香叶蔷薇和异味蔷薇，还有波旁月季类进行杂交，育出了"彭赞斯香叶蔷薇"。它们当中的一些品种，比如'彭赞斯夫人'，至今仍被人们种植。

我不费吹灰之力便获得了与众不同的杂交种。……花的大小各不相同。花都比香叶蔷薇的要大，而且是粉红色的——带有点古典月季'皇后'的味道。我得说明，它们当中的大多数都有两排花瓣，两种幼苗中的其中一种的花量比香叶蔷薇的大得多。……我现在必须讲出一个事实，我拥有的东西对我而言相当惊喜。和很多人一样，我认为，迄今为止开了花的4株或5株香叶蔷薇的幼苗如今变成多季开花的了。它们在秋季开第二次花，随后可以自由开花。

他通过位于索尔兹伯里的约翰·凯恩斯苗圃销售自己的蔷薇。1894年的《园丁纪事》有一篇通讯称"梅斯尔斯-凯恩斯公司将于今秋上市一款光彩照人的杂交香叶蔷薇，对比同类的老品种，它在各个方面都是巨大的飞跃。老品种将盛名不再"。彭赞斯勋爵用沃尔特·司各特爵士的小说中的女主角命名了好几个栽培品种，比如'艾米·罗布萨特'以及'盖厄斯坦的安妮'。罗丝·金斯利将后者描述成"一种生命力非凡的植物，短短几年时间便可以形成10英尺高的巨大灌丛，几乎与种植多年的植物等高。这些杂交的香叶蔷薇用来营造高大的围篱和绿屏具有无可估量的价值，同时它们也可以用在廊柱和拱门上"。皇家园艺学会主席特雷弗·劳伦斯爵士很快便令彭赞斯香叶蔷薇派上用场，1896年的《园丁纪事》中有一篇佚名文章是这样说的：

一位记者说："我最近在特雷弗·劳伦斯爵士的花园里看到一长串的彭赞斯香叶蔷薇，它们倚在墙壁旁，自由生长，肆意开放。从这些植物的花朵可以看出，它们的花色的变化幅度非常大。……对于拥有花园的人而言，种上彭赞斯香叶蔷薇可谓美哉，且它们在任何气候适宜的地方都可以生长。除了花满枝桠的美丽之外，叶子的悦人香气亦足以让它们大受欢迎。"

左图：两个彭赞斯香叶蔷薇品种'艾米·罗布萨特'和'彭赞斯夫人'。卷烟系列卡片上的彩色石版画，1912年由卷烟制造商W. D. 威尔斯和H. O. 威尔斯发行。

对页：'曼宁红晕'香叶蔷薇。依据玛丽·劳伦斯在《自然玫瑰》（1799）中的绘画刻出的手工上色版画。

Rosa rubiginosa δ.

Manning's Blush Sweet Brier.

Rosa, Carolina, pimpinellifolia.

美洲的蔷薇

—— 来自新世界的困惑

随着 17 世纪美洲东部沿海地区的殖民点日益增多，人们对新殖民地的原产植物提起了兴趣。

康普顿主教在富勒姆宫的花园中了收集了一批美洲苗木。到了 18 世纪，第一批美洲苗圃园丁开始兴盛，约翰·巴特拉姆和马克·凯茨比为殖民者们的花园进口为人熟知的英国植物，并将美洲植物出口到英国。海运事故摧毁了许多货船——1756 年，菲利普·米勒从切尔西草药园给巴特拉姆邮寄蔷薇花，均未能成活——却也成功引入了不少植物。

1640 年，约翰·帕金森在《植物世界》一书中首次报道了美洲的蔷薇在英国的生长情况：

> '弗吉尼亚'香叶蔷薇和其他蔷薇一样，都拥有若干条粗壮的枝干，嫩枝绿色，老枝则稍显灰色。枝条上密布许多小皮刺，中间有少量大型的茎刺。其叶片翠绿无比，且带有光泽，小而近圆形，它们沿着中间的茎骨对生，样子有点像单瓣的黄花蔷薇；花朵生于具 5 枚小叶的枝条顶端，浅紫色或深粉红色，类似香叶蔷薇。它们和其他蔷薇一样，叶子很快就会凋落。

人们不确定这种蔷薇的种植频度和时间；威廉·萨蒙提到 18 世纪末没有美洲的蔷薇。然而，在 18 世纪 20 年代，詹姆斯·谢拉德在埃尔特姆种植了一种蔷薇，蒂伦尼乌斯认为它和帕金森所说的蔷薇相同，林奈引用了蒂伦尼乌斯的描述，起了卡罗莱纳蔷薇一名。

菲利普·米勒在其著作《园丁词典》第 1 版（1731）中列出了"野生的弗吉尼亚蔷薇"：这可能和他在后来的第 8 版（1768）中所描述的蔷薇是同一种，即弗吉尼亚蔷薇：

弗吉尼亚蔷薇：自然生长于弗吉尼亚州以及北美洲的其他地区。它长着几根光滑的茎干，高约 5 英尺或 6 英尺。嫩枝覆有光滑的紫色表皮；叶片由 4 对或 5 对矛状的小叶组成，顶部单生小叶一枚。叶片两面光滑，叶面为鲜绿色，叶背发白，叶缘具深锯齿。花单生，浅红色，花期 7 月。花萼五裂，裂片狭长、全缘。尽管它的花没什么香味，但人们为了丰富品种，也会把它种在花园里。

不足为奇的是，人们常常搞混弗吉尼亚蔷薇和卡罗莱纳蔷薇这两个名字。雅各布·弗里德里希·埃尔哈特起用了"光亮蔷薇"一名后，事情变得更棘手了，后者常常作为弗吉尼亚蔷薇的首选异名。沼泽蔷薇也在该名称的范畴内，这是巴特拉姆寄给菲利普·米勒的，它极易和其他种类混淆。

这些美洲蔷薇的重瓣型时有出现，并作栽培。'重瓣'弗吉尼亚蔷薇曾经作为胸花而红极一时。亨利·安德鲁斯在19世纪初描述过一种重瓣的"宾夕法尼亚蔷薇"。他写道："这种美丽的单瓣蔷薇被认为是卡罗莱纳蔷薇的一个品种，因此我们相信把它称为'宾夕法尼亚蔷薇'一定会让它声名大噪。但我们认为它和卡罗莱纳蔷薇的相似度较低，或许它和异味蔷薇更接近。"这样的说法也很正确：它可能是一株种在美洲的花园中的法国蔷薇的芽变。

19世纪20年代出现了第三种引发争论的美洲蔷薇：伍兹氏蔷薇，一种生于草原地带的蔷薇，最初从密苏里州引入英国。约翰·林德利以约瑟夫·伍兹的名字为其命名，他撰写了《英国蔷薇属植物概要》（1816），林德利希望借此机会纪念他。林德利在皇家园艺学会秘书长约瑟夫·萨拜因的花园里发现了它。他在1826年的《植物学索引》中对其进行了描述：

这种蔷薇注定会让每个注意到它的作者犯错或误解。

普伦维尔先生在一篇关于蔷薇命名的小文章中首次提到它，他说道："在一位招摇撞骗的园丁的权威下，人们听说有花心为黑色的黄色蔷薇。……但德堪多先生在《初论》中指出了这种植物的一个新特征。着手准备《蔷薇》一文的塞兰热先生得到了检视德堪多的标本馆中的标本的机会，这些标本的真实性毋庸置疑。……塞兰热先生还留存着我们一开始的错误，他自己又多加了几个。他指出这种蔷薇的小叶光亮，事实与此相反；其萼片光裸，实则覆有腺体；还有下部的一对小叶与其余小叶的间隔很远，边缘具腺体，我们认为这种独特性并不存在。……我们对该文嗤之以鼻，以表达我们的惋惜，因为德堪多卓越的《初论》不该被如此粗制滥造的文章玷污。因为蔷薇属植物是……"

林德利没有点明这个"招摇撞骗的园丁"是谁，但普伦维尔的文字清楚地表明此人就是约翰·肯尼迪，位于汉默史密斯的著名李氏和肯氏葡萄园苗圃的合伙人。（或许他打算说该蔷薇拥有深色的花朵和黄色的花心，而他的描述在翻译时被曲解了？）

美洲人所说的"切罗基玫瑰"[1] 不在讨论的范畴，因为它实际上是一种中国物种，大抵在18世纪时引入美洲。

① 即金樱子，原产中国中北部、中南部、东南部地区。——译者注

右图：单瓣弗吉尼亚蔷薇。摘自卡尔·戈特洛布·罗西希的《大自然的玫瑰彩绘》（1802—1820）的彩色版画。

下图：弗吉尼亚蔷薇。阿尔弗雷德·帕森斯为埃伦·威尔莫特的《蔷薇属志》（1914）所绘的原图。

对页：伍兹氏蔷薇。阿尔弗雷德·帕森斯为埃伦·威尔莫特的《蔷薇属志》（1914）所绘的原图。

Rosa spinosissima

密刺蔷薇
—— 蔷薇育种的开始

观赏植物有计划的杂交育种始于 18 世纪末，蔷薇是最早的杂交类群之一。

最初的蔷薇育种项目在苏格兰实施，由位于珀斯的迪克森-布朗苗圃进行。皇家园艺学会秘书长约瑟夫·萨拜因从公司的其中一个董事罗伯特·布朗那里了解到了该项目的历史：

> 1793 年，他和他的弟弟将珀斯周边的金诺尔山上的一些野生的密刺蔷薇移栽到自己的苗圃中。其中有一株开出了略带红色的花，它的花奇特至极，就像是一个花苞中开出了一两朵稍带红晕的花。这些蔷薇结出了种子，一些半重瓣花型的植株由此而来；对种子进行的持续选育又育出了新的植株。在 1802 年和 1803 年便已分出 8 个优秀的品种了。后来，这些蔷薇的数量增加，苏格兰和英格兰最先供应的苗木都来自珀斯花园。

到了 1805 年，哈默史密斯的李氏和肯氏苗圃，还有肯辛顿的威廉·马尔科姆苗圃均有供应重瓣的密刺蔷薇，有黄色、浅红色、深红色、紫色和双色的品种。

这个项目中所使用的蔷薇的地位仍有争议。萨拜因写道："密刺蔷薇曾经，如今也仍偶尔被叫作'芹叶蔷薇'。写过蔷薇属植物的英国权威们说，这就是密刺蔷薇：他们归并了芹叶蔷薇和林奈所说的密刺蔷薇，将它们视为同种，甚至不再分出变种。"甚至到了今天，皇家园艺学会仍将它们处理为独立的种，而邱园和其他的植物园则将其并入密刺蔷薇。[直到 20 世纪，另一个变种则跟亚洲的大花密刺蔷薇相混淆。威斯利园有一份采于 20 世纪 20 年代的标本，名为 "*Rosa pimpinellifolia*（或 *spinosissima*！）var. *altaica*"，它"在 5 月份开得无比美丽，以至于人们不会认为接受了建议、从主花园走上半英里路去看它是白跑一趟"！]

密刺蔷薇无疑得益于一切蜚声国际的苏格兰式事物，它们根植在沃尔特·司各特爵士的作品中（他在《湖上夫人》中写的"空气里充满野蔷薇的香味"或许是密刺蔷薇的诗意凭证）。到了 19 世纪 30 年代，密刺蔷薇有了好几百个品种，其中许多品种都是以苏格兰地名或司各特笔下的人物命名的（比如'玛丽·斯图亚特''苏格兰王''斯特拉特兰子爵'和'布雷多尔本伯爵夫人'——这些名字都是威廉·保罗推荐的）。然而 20 世纪中叶之后，它们几乎全部淡出了园艺栽培，被杂交茶香月季和其他的新品种所取代。'威廉三世'是少数幸存的品种之一。但密刺蔷薇将其后代远远甩开：多年来，密刺蔷薇和突厥蔷薇品种的杂交种'四季花园'蔷薇一直饱受好评。威廉·保罗在 19 世纪 40 年代称赞它"甜美可餐"，格特鲁德·杰基尔在 20 世纪初以及维塔·萨克维尔-韦斯特在 20 世纪 60 年代则说："我认为它不太常见……你（也许）可以摘满一碗芬芳的重瓣浅贝壳粉色花朵，把鼻子埋在里面。" 20 世纪，威廉·科德斯用密刺蔷薇的栽培种育出一系列新的杂交品种，其中最著名的是'春季黄金'蔷薇。戈登·罗利称赞道："当布朗先生从金诺尔山摘下第一朵密刺蔷薇时，他几乎没有料到这个物种会给花园带来如此丰富多彩的新品种蔷薇。"

20 世纪初，被多东斯在 16 世纪时贬低为"低级、俗气，在花园和在野外都是蔷薇中最平庸的"本土种类因为威廉·罗宾逊和格特鲁德·杰基尔的推崇，重新成为野生花园的宠儿。格特鲁德·杰基尔评论芹叶蔷薇说："在它的众多优点当中，人们不该忘记那美丽的、大而浑圆的黑色果实。它们看上去像是夸张版的黑醋栗，只是黑醋栗的两端更扁一些。"最终，幸存的芹叶蔷薇品种作为中世纪古典月季复兴运动的一部分而受到追捧。

另一种被认为是苏格兰的蔷薇的物种是埃尔郡蔷薇。约瑟夫·萨拜因否认这是一种野生植物："一些人曾认为它是埃尔郡的本土野生植物，但我认为这当中还有个小小的疑点：那就是它最初是在当地的花园中被发现的，其原植物，或者说至少这些蔷薇最早的后代，仍有待观察。"它的分类引起的争论更多。《柯蒂斯植物学杂志》认为它是欧洲野蔷薇（使用的标本是约瑟夫·班克斯爵士从布伦特福德苗圃主威廉·罗纳

尔兹处购得的花园植物）；乔治·顿认为它是光托野蔷薇（*R. capreolata*）；约翰·林德利认为它是常绿蔷薇（用的是邱园中的标本，萨拜因认为该植物有误）。萨拜因折衷建议将其称作"*R. sempervirens capreolata*"。其现用名"*R. arvensis* var. *aryshirea*"是法国植物学家尼古拉·夏尔·塞兰热创造的。

萨拜因称赞埃尔郡蔷薇"能用厚实的大片枝叶迅速覆盖墙壁和藩篱，或不美观的建筑物侧面。若是日照充沛，它会在7月份开出大量的白色花朵，其绚丽的效果尤其适合用来整饰村舍的屋顶或花园座椅"。他总结道："任何观赏场所都不应该少了它。"在欧洲大陆上，它和密刺蔷薇一样受欢迎，最终开始了和杂交茶香月季及中国月季的竞争。

Maubert pinx.

Debray sc.

Rosier Ayrschire.

Rosa Damascena Coccinea.　　　　　*Rosier de Portland.*

P. J. Redouté pinx.　　　　Imprimerie de Remond　　　　Bessin sculp.

波特兰蔷薇

—— 一位难以捉摸的公爵夫人及其踪影

你所做的有关古典月季种类血统的论述每每都会被人反驳。对于波特兰蔷薇而言，这一说法尤为精确。关于它们的起源，有两套互相抵触、不可调和的理论，以及许多涉及其命名的疑问。

汉弗莱·布鲁克在 1982 年的《月季年鉴》中撰文，给出了一个传统观点：

> 波特兰蔷薇是欧洲第一类能重复开花的蔷薇，据说是通常被称为'四季'蔷薇的古老秋花突厥蔷薇和中国的庚申月季杂交的结果。该蔷薇及其带给后世种类的影响使得它们的地位非同小可。波特兰蔷薇是杂交长春月季的一个直系血统，这一大类月季源自拉费在 1837 年育成的'伊莲娜公主'；它们也是早期杂交茶香月季的祖先。……现代书籍和名录倾向于用其他名称代指它们，比如"杂交突厥蔷薇"。维多利亚时期的作者们则通常把它们称为"长春突厥蔷薇"。

甚至连它们的名字都是一个谜。人们通常认为它们的名字来自一位波特兰的公爵夫人，她在这些蔷薇出现的时期是一位著名的蔷薇种植家，时间大概是 1809 年。我给安妮·卡文迪什-本廷克夫人写了信，以求得到更多信息。她告诉我这个传言中所说的公爵夫人对任何园艺都不感兴趣，她还说，在我写信给她之前，维尔贝克便已推测"波特兰蔷薇"一名来自美国俄勒冈州的波特兰市。

波特兰蔷薇能重复开花的特点是人们推测它在一定程度上可能源于中国月季的原因。这个推测可惜的地方在于，"波特兰蔷薇"一名存在的时间远远久于任何在欧洲开花的著名中国月季。伯明翰的苗圃主约翰·布伦顿在 1782 年的商品清单中便以每株 1 先令的价格供应波特兰蔷薇了。

要是波特兰蔷薇在可能与中国的月季花发生杂交之前便已出现，那就无须将"波特兰"的调查限定在 19 世纪初了。30 年前，莎莉·费斯廷提出该名字是以第二位波特兰公爵夫人［玛格丽特·卡文迪什（1715—1785），园艺及植物艺术家赞助人，曾资助过埃雷特］来命名的。她还指出，早在 1806 年，亨利·安德鲁斯就做过解释：

> 这类蔷薇以"波特兰蔷薇"一名为人所知，

据说这是一个向已故的波特兰公爵夫人致意的名称。她是蔷薇属植物的爱好者，她种在布尔斯特罗德的藏品枝繁叶茂、欣欣向荣。这是一种美丽的深红色蔷薇，外表无比出众，其他艺术作品都难以望其项背。它似乎综合了 3 种不同植物的特点：它的长势和花朵类似药用法国蔷薇，叶子像普罗旺斯蔷薇，花芽和花梗则更接近突厥蔷薇类。但除了这些相似点之外，它似乎还有着独一无二的特点……

如果最初的波特兰蔷薇出现时，尚无蔷薇可能带有中国的月季花血统，那它是怎么来的呢？莎莉·费斯廷和格雷厄姆·托马斯都认为它是来自突厥蔷薇或法国蔷薇的组合性状。这一假设随后得到蔷薇种植家彼得·比尔斯的支持，他试图重复这一杂交：

> 观察了广为人知的"波特兰蔷薇"多年后，我认为中国的月季花并没有参与传粉，而突厥蔷薇和法国蔷薇肯定发挥了作用。波特兰蔷薇从'四季'秋花突厥蔷薇那里继承了重复开花的特点，从药用法国蔷薇那里继承了整齐、紧凑的习性。不管它的亲本是什么，敏锐的法国杂交工作者们马上用它来育种了……

敏锐的法国杂交工作者们育出了数量可观的杂交种。德波特在 1829 年列出了 30 种波特兰蔷薇，1838 年，戈尔夫人列出的英国所拥有的种数也差不多。最重要、最有名气的栽培种可能是'国王玫瑰'。据传它是位于巴黎外围的圣克卢皇家花园的园丁苏谢育出的，并在 1819 年首次开花。（1811 年撰写过有关蔷薇种植书的）皇家花园园长勒利厄尔伯爵用自己的名字将其命名为'勒利厄尔伯爵'。但后来路易十八看到这种蔷薇并爱上了它，又将它重新命名为'国王玫瑰'。不过，在 19 世纪 40 年代，维克托·帕凯质疑了这个故事：

> 我们不该像一般人认为的那样，将这个发现归功于前皇家花园园长勒利厄尔伯爵，这是前塞夫尔花园园丁埃科费先生的功劳。他在 1816 年进行播种，并在 1819 年收获了这种蔷薇。
>
> 它的出现受到了狂热的追捧，因为在那时，长期开花或四季开花的蔷薇还不多。收购如此完美的蔷薇是一个名副其实的胜利。人们也因此可

31. — ROSE DES QUATRE SAISONS.

以理解为什么勒利厄尔伯爵会被当作'国王玫瑰'的发现者，毕竟他是皇家花园的园长，也是塞夫尔花园的园长。

（在 1813 年培育的品种都被雷杜德和托里以"大花普罗旺蔷薇"之名描述过。）但无论最初的培育者是谁，全欧洲的人都热情地接纳波特兰蔷薇。托马斯·里弗斯曾评论波特兰蔷薇及其同类说："它会立刻让人感到心满意足，在延迟开花和外力作用下，它们在一年中花期可能长达 8 个月。"

上图：'四季'蔷薇。格罗邦所绘，摘自伊波利特·雅曼和欧仁·福尔内的《玫瑰花：历史、文化与描述》（巴黎：第 2 版，1873）的彩色石版画。

对页：'圣-让·玛丽'蔷薇。格罗邦所绘，摘自伊波利特·雅曼和欧仁·福尔内的《玫瑰花：历史、文化与描述》（巴黎：第 2 版，1873）的彩色石版画。

36. — MARIE DE SAINT-JEAN.

中国的蔷薇属植物

—— 育种大闸的开启

首先，（这一时期的蔷薇）在命名上有点混乱：从中国起航需要长途跋涉，费时费力，东印度公司常常将加尔各答作为一个落脚点，在那里卸货并将货物分送到不同的船只上，以便运往欧洲。

对页：木香花。依据亨利·查尔斯·安德鲁斯在《蔷薇》（1805—1828）中的绘画刻出的手工上色版画。

许多从中国进口的产品都被标为来自印度或孟加拉。林奈被这种状况搞糊涂了，于是他将一种蔷薇命名为"印度蔷薇"，许多中国的蔷薇后代在欧洲被称作"孟加拉蔷薇"的原因可见一斑。维也纳植物学家尼古劳斯·约瑟夫·冯·雅坎在 1760 年起用了庚申月季一名；该名称最终取代了林奈那个指代不明的叫法，不过，从 18 世纪中叶到 19 世纪中叶，汉语、印地语和孟加拉语的词汇都被用于同一种植物。

现版《中国植物志》中列出了 95 种原产中国的蔷薇属物种，但它们当中少有对欧美国家的园艺产生影响的种类。并且大部分都是在 20 世纪早期，随着乔治·福里斯特和约瑟夫·洛克[①]等植物采集家到达中国后才得到鉴定。19 世纪初始，威廉·艾顿在其《邱园栽培植物》一书中列出了在邱园中栽培的 7 个中国物种，除了其中一种以外，其余都有最近的引种日期：木香花（1807）、小果叶蔷薇（约 1790）、硕苞蔷薇（约 1793）、印度蔷薇（即庚申月季，约 1789）、野蔷薇、常花蔷薇（即月季花，约 1789）以及华蔷薇（即金樱子，约 1759）。近年来，人们对中国月季的早期引种一直有各种各样的猜测。不过在 18 世纪晚期以前，欧洲没有明显地持续栽种中国蔷薇属物种的传统。1771 年，威廉·马尔科姆在他的肯宁顿苗圃中供应了'常绿中国'蔷薇和'新华'蔷薇——有可能是月季花，但仅有名字，很难确认。

1776 年，皮埃尔-约瑟夫·布硕[②]将一批基于中国

---

① 约瑟夫·洛克（Joseph Rock, 1517—1585），美国探险家。——译者注

② 皮埃尔-约瑟夫·布硕（Pierre-Joseph Buc'hoz, 1731—1807），法国医生、律师、博物学家。——译者注

绘画的版画发表在自己的著作《珍奇花卉彩图谱》中，包括一些对中国蔷薇的描绘。迈克尔·沙利文是这样描述这些版画的："它们直接取自中国画，但雕刻师不仅仅是刻画线条……还设法用刻刀表现了中国水墨的风格。只有当我们仔细观察这些图片时，我们才会意识到它们是刻出来的，而不是用画笔绘制的。"但是，没有迹象表明这些植物本身就是画出来的。

1793 年，英国政府派马加尔尼勋爵使团到中国建立商贸关系。这次出使以失败告终，但多亏约瑟夫·班克斯爵士有所准备，在他的促成下，大量中国植物引入英国。硕苞蔷薇就是其中之一，它获得了"马加尔尼玫瑰"这一通用名称。托马斯·里弗斯评论道："这种单瓣的马加尔尼玫瑰是马加尔尼勋爵于 1795 年在使团回国途中带回来的。如今它成为一群艳丽植物的亲本。但因为它不能自由结籽，就连在法国，优良的品种至今仍然不多。"——它们也从未如此。不过这个物种本身被广泛栽培，并在美国南部归化。

据威廉·艾顿的说法，菲利普·米勒在 1759 年就把金樱子种在了切尔西草药园里（并且，据传伦纳德·普卢凯尼在 1705 年以"舟山白蔷薇"一名首次描述了它）。与马加尔尼玫瑰类似，到了 19 世纪早期，它在美国归化。人们忘了它的外源血统，把它称为"切罗基玫瑰"。1916 年，它被提名为佐治亚州的州花，因为有人断言它是"佐治亚州北部的土著民们"种植的。

木香花，也被称为"班克斯夫人的玫瑰"，是以约瑟夫·班克斯爵士的夫人多罗西娅命名的，1807 年由威廉·克尔首次带回英国。或者说得更具体些，他带回了一个重瓣的白花品种。大多数在 19 世纪晚期以前被带到欧洲的中国产蔷薇都不是在野外采集到的，

而是在花园和苗圃中收集来的，尤其是位于广州的花地苗圃。木香花在 19 世纪广泛种植并被用于月季的育种。19 世纪末，布鲁厄姆勋爵说它们是"里维埃拉的特色和骄傲。人们以前只在英国见过它们爬满一面朝南的墙面，没料到它们在更适宜的环境中充满生命力、长得更好……重瓣黄木香的花朵会让人想起焰火表演里漫天的火星子"。

林奈的印度蔷薇，或雅坎所说的月季花是欧洲杂交种培育中应用最广泛的一种。亨利·安德鲁斯在他的《蔷薇》（1805—1821）一书中连续用了 5 张插画描绘该物种的品种：包括红印度蔷薇、小印度蔷薇，均由詹姆斯·科尔维尔种在位于富勒姆的苗圃中；来自法国的卷瓣印度蔷薇；由约瑟夫·奈特种在切尔西的单瓣印度蔷薇及其他混合品种。4 个在 18 世纪 90 年代至 19 世纪 20 年代之间引入的中国园艺品种掀起了欧洲新品种月季创造性的变革：它们因此被称为"中国月季四大老种"，我们将在接下来的两章中继续讲述四大老种。

人们一直在寻找中国的月季，韩尔礼[①]在 19 世纪晚期声称自己找到了木香花和月季花的原始野生型。

他评价后者说："我在湖北宜昌附近的溪谷中采得了唯一的野生标本，我坚信它们确实是野生的。"

早在 1822 年，约翰·林德利便基于种植在邱园中的标本命名了绢毛蔷薇，但后来的植物采集家们在 19 世纪 90 年代将其重新引入以前，它基本上被人们忽视了。查尔斯·奎斯特-里特森曾将它的一个品种'翼刺'蔷薇说成是"唯一一种主要种来观赏其美丽皮刺的蔷薇"。野蔷薇和玫瑰都是在 19 世纪早期引入、随后愈加重要的物种（本书的后续部分将有介绍它们的章节）。华西蔷薇于 1893 年被发现，并由位于切尔西的维奇苗圃引入。其重要品种'法尔热'是维奇公司在最后的几年里种植的，当邱园和其他人在 1913 年至 1914 年苗圃的大规模关停销售期间购买标本时才有了商业分销。以维奇公司的采集家身份开始职业生涯的威尔荪[②]在 1908 年引入了腺梗蔷薇。1951 年，格雷厄姆·托马斯在格洛斯特郡的凯菲兹盖特花园发现了一个极具观赏性的品种，其种源未知，在战前就已有所种植。托马斯将其称作'凯菲兹盖特'蔷薇。

---

① 韩尔礼（Augustine Henry，1857—1930），爱尔兰植物学家、汉学家。——译者注

② 威尔荪（Ernest Henry Wilson，1876—1930），英国植物采集家。——译者注

对页：硕苞蔷薇。阿尔弗雷德·帕森斯为埃伦·威尔莫特的《蔷薇属志》（1914）所绘的原图。

下图：两幅依据中国原画绘制的彩色版画，摘自皮埃尔·约瑟夫·布硕的《珍奇花卉彩图谱》（巴黎，1776）。

Rosa Indica vulgaris.   *Rosier des Indes commun.*

P.J. Redouté pinx.   Imprimerie de Rémond   Bossin sculp.

中国月季四大老种　第一部分

——‘月月粉’月季和‘月月红’月季

"中国月季四大老种"中第一种传入欧洲的种类如今通常被称作‘月月粉’月季。但在18世纪晚期及19世纪早期，它被称作‘帕氏粉红’月季。

根据威廉·艾顿在《邱园栽培植物》中的记载，‘月月粉’月季由约瑟夫·班克斯爵士于1789年引入；亨利·安德鲁斯在1805年提到，它最早于赫特福德郡的里克曼斯沃斯镇开花。最近有传言称，这是马加尔尼勋爵的一名中国使团成员寄给班克斯的。如果所言无误，它会将这种月季的引栽日期推后至1793年，甚至更晚——或许会和硕苞蔷薇的引入弄混。一些植物学家早已对这种蔷薇耳熟能详。林奈的门生彼得·奥斯贝克在1752年左右从中国给林奈寄去一份标本，现存于林奈标本馆中。而在英国自然历史博物馆中有一份更为古老的标本，是约翰·弗雷德里克·赫罗诺维尼斯在

1733年寄送的。在中国，它的园艺使用史可以追溯到公元1000年末。亨利·安德鲁斯本人是这样说的：

> 这种绝色月季被认为是本国有史以来最棒的引栽观赏植物之一。精致的粉色花朵、闪亮的翠绿叶片，永不凋谢的繁茂花朵使其迷人至极，少有别的蔷薇能与之媲美；而其香气则不如大多数种类……

> 我们能掌握的关于其引栽的全部信息是——1793年，它在赫特福德郡里克曼斯沃斯镇已故的帕森先生的花园里被人发现，很快，梅斯尔斯接管了此处。科尔维尔采购了一棵植株并进行栽培，自那以后，它的规模不断扩大……

> 它通常被称为"浅色中国月季"；但我们更喜欢直译的英文名称，以避免混淆，因为一种植物拥有两个名字是不可取的。

‘月月粉’在1798年引入法国，1800年引入美国。罗西希在1799年将其称为"久花肉色蔷薇"，雷杜德在1817年则把它称为"广布印度蔷薇"。其他为人所知的名称还包括‘灰白’以及‘月月玫瑰’——这表明它可以重复开花。它也很娇弱，在19世纪20年代末，大卫·道格拉斯证实引栽自北美洲的植物在英国花园中可以耐寒，并改变了植物采集家们的目标之前，人们想当然地认为舶来的新植物只能在玻璃温室下存活。

它被用于培育新品种始于19世纪初。詹姆斯·科尔维尔本人在1805年育出了第一个杂交品种‘粉花小月季［又名‘仙子玫瑰’‘孟加拉绒球’以及尖瓣蔷薇（R. lawranceana）——种加词纪念的是美术家玛丽·劳

伦斯（Mary Lawrance），她在 1799 年出版了《自然玫瑰》一书］。

第二个主要的中国引栽种类是'月月红'（'Slater's Crimson China'）。它以东印度公司的经理吉尔伯特·斯莱特（Gilbert Slater）为名，因为它在吉尔伯特位于莱顿斯通诺特格林村的花园中首次开花。这种月季的画像出现在 1794 年的《柯蒂斯植物学杂志》里，名为"常花蔷薇"，出于他对这种易于栽培的月季的热爱，柯蒂斯的描述多少有些夸大，但值得一提：

> 我们不得不认为，作为观赏植物而言，此处要介绍的月季是本国有史以来所引栽的最勾人心魄的植物之一。其植株占比巨大的半重瓣花朵与丰富的花色、悦人的芬芳融为一体；它全年开花，而在冬季则确实更稀疏一些；这种灌木比大部分的温室植物耐寒得多，它的生长只需要很少一抔土壤，几乎可以用咖啡杯来种植；它的潜在病害最少，而且可以轻而易举地通过切枝和根出条萌发。

> 对于这次宝贵的收获，我们国家对莱顿斯通附近的诺特格林村已故的吉尔伯特·斯莱特先生深表感激。每个人都必将对他的早逝感到惋惜，他是园艺观赏的进步之友：他从国外，尤其是东印度购入了稀有植物。斯莱特先生是一个不知疲倦的人，也不那么急于让它们长成这个国家所承认的最完美的状态……如今距离他从中国购得这种月季已有 3 年时间。由于他乐意将最有价值的成品分送给那些最有可能带来更多收获的人，这种植物很快就在小镇附近的主要苗圃收藏中变得引人注目。不出意料，在几年之内，它将会把每个业余爱好者的窗户点缀一番。

到 1798 年，这种月季已经在欧洲大陆生长。在接下来的 10 年里由不同的苗圃进行销售，多不胜数的名字映出它的光彩照人：'孟加拉''古红月季'以及'月月红'（雅坎将它种在美泉宫时用的就是这个名字）。最后一个名字表明了重复开花性是它最令人向往的特点之一。和'月月粉'类似，它也被冠以'月月玫瑰'一名销售，这无疑给种植者带来了困惑。这种月季变化多端，花既有单瓣也有重瓣，通常情况下花色暗红，内轮花瓣上有白色条纹，有时候它甚至会开出粉红色的花朵。

现代 DNA 分析已表明它是'月月粉'的亲本之一，

因此它甚至能追溯到公元 10 世纪以后。它也许是最古老的栽培月季。约翰·里夫斯是东印度公司的一名广州茶叶代理商，他在 1817 年至 1830 年间将东印度公司委托中国画家画的植物画寄到皇家园艺学会；其中一幅描绘了月季，证实中国已有月季种植。中国的植物采集家们一直关注它的野生型；韩尔礼、威尔荪、约瑟夫·洛克和荻巢树德①都找到了他们所宣称的原生物种，但未成功说服所有人。"和'月月红'相比，"吴国良写道，"它们缺乏一些重要的性质，比如多瓣、短茎和重复开花。"因此'月月红'可能来源自远古时期的芽变；"是否存在过原生物种，"他总结道，"不过是一个学术问题。"

尽管它的后代仍存于世，但最初的'月月红'早已在栽培过程中消失。各种寻找幸存标本植物的方法都试过了。黑兹尔·勒鲁热特尔认为她自己找到了一株，但格雷厄姆·托马斯表示其花型与'月月红'不一致。美国月季种植家托马斯·克里斯托弗悻悻地说："尽管他有一定把握说出什么不是'月月红'，但托马斯先生却说不出什么才是'月月红'。"搜寻还在继续……

---

① 荻巢树德（1951—），日本植物学家。——译者注

Rosa semperflorens.

中国月季四大老种 第二部分

——'休氏粉晕'香水月季和'淡黄'香水月季

中国月季四大老种中的第3种是由东印度公司茶叶厂商约翰·里夫斯和亚历山大·休姆寄到英格兰的。后者是广州茶厂的主管。

当时里夫斯还未开始和皇家园艺学会有联络，所以当他们在1808年从花地苗圃寄来一批月季时，这些花被送往了休姆的表弟亚伯拉罕·休姆爵士那里。亚伯拉罕爵士及其夫人是无比热忱的种植者，他们在赫特福德郡有一个名为沃姆利贝里的园子。这批月季在1809年到埠，其中一部分随即被送往科尔维尔的苗圃，第二年，它们便在那里开了花。

亨利·安德鲁斯以"香花印度蔷薇"一名描述了这种植物："亚历山大·休姆男爵在1809年从东印度进口了这种美丽的植物，它让英国的花园锦上添花；开花持久，香味宜人，这是中国月季所少有的……我们相信它还没有在我们这里结出成熟的种子，但或许能用扦插扩繁。"在科尔维尔麾下工作的罗伯特·斯威特随后将其重命名为香水月季。1811年，哈默史密斯葡萄园苗圃的约翰·肯尼迪将它寄给了身在马尔迈松的约瑟芬皇后（他安排了特殊许可证，可以给敌国寄送货物）[1]。

"香水月季"一名表明了香味是这种月季的一大重要特质；但是"香"这个词并没有传开，且很快就被'休氏粉晕'茶香月季一名取代。人类的嗅觉是一种不靠谱的工具，关于"茶香"的准确性一直存在争论：月季闻起来真的像茶花吗？这是不是苗圃主的夸夸其谈呢？它是不是因为被放在茶叶箱中运输而带上了香味呢？当托马斯·克里斯托弗提到他从茶香月季

身上捕捉到一丝乌龙茶香时，我们不得不假设茶香的属性是准确的，即使这不能稳定地遗传给它的茶香月季后代们。

1823年，皇家园艺学会派约翰·丹珀·帕克斯前往中国，在那里，他和东印度公司的茶叶商约翰·里夫斯还有约翰·利文斯顿取得了联系。第二年，他带着一大批植物踏上返程，这些植物多数来自花地苗圃。它们当中有一款黄色的木香花。学会的植物学家、助理部长约翰·林德利在《园艺学会学报》中描述了帕克斯的引栽植物：

木香花：园艺品种，花黄色。

1824年，约翰·丹珀·帕克斯先生从中国为在劳瑟城堡的学会带回了一个非常漂亮的木香花品种。它和白色的重瓣品种除了花色不同以外，叶子更短、更扁平、也更光滑，同时不易生侧枝。它的花比前者的要小且无香味，花瓣排列得更为规整，上下层叠；后者则十分端正。它的萼片带有非常显著的红色，不具腺点。

这一品种在5月初露天开放，比普通种类早了大约两周。它十分耐寒，且有着通过扦插来萌发的异禀。

植物学家们争相在观察到成熟植株前描述这一新植物。1827年，林德利在《植物学索引》中描绘了这种蔷薇属植物，还抱怨植物学家利奥波德·特拉蒂尼克和尼古拉-夏尔·塞兰热发表的描述不准确：

---

[1] 约瑟芬皇后酷爱蔷薇属植物，尤其钟情于收集和种植不同品种的月季。她大部分时间都居住在巴黎南部的马尔迈松城堡。在此期间，给约瑟芬皇后运输月季的船只要经过英法海战区域，交战双方就会暂时停火让月季船穿过火线，被称为"玫瑰停战"。——编者注

植物学家们早已证实鉴定蔷薇属植物是非常困难的，因此很多人在这个问题上难以避免错误。尽管如此，我们假定该物种的历史甚为特别，并且人们能接触到这种错误的概率很低，或许，至少可以避免绝对的错误的出现（原文如此）；不过，这些错误似乎在蔷薇属植物中弥漫开来。……啊！可怜的蔷薇属！

1825 年，林德利将一些帕克斯的新种蔷薇寄给了卢森堡花园的欧仁·阿迪，不久之后，重复开花的黄色月季在欧洲大陆上取得了快速发展。仅仅 10 年以后，托马斯·里弗斯便记录道："这种月季在法国极其受欢迎，巴黎的花卉市场在夏秋时节大量销售这些植物，主要是嫩茎或'中长枝'。它们以盆栽形式推向市场，园丁们用彩色纸将它顶部的一部分包裹起来，既好看又奏效，人们忍不住要掏出两三个法郎买下这可爱的东西。"

'淡黄'香水月季最重要的地方在于它推进了黄色月季的育种。1864 年，舍利·希伯德在出版第 1 版《玫瑰之书》时就提到，正是稀有度铸就了黄色月季的价值。到了 1885 年，他说："黄色的月季比其他任何颜色的都多，而我们珍视黄色月季的程度高于其他的一切月季……品质上乘的黄色苔藓蔷薇会使文明社会大吃一惊，并且一株黄花长春月季可以在露天地上开一整个夏天，在 7 月初适当的玫瑰季节来临时开出的一大片花朵将会是玫瑰园有史以来所拥有的最佳'物产'。"

"中国月季四大老种"在 19 世纪的前 25 年间开始育出新的杂交品种。1815 年，'休氏粉晕'香水月季和法国蔷薇的一个栽培种杂交育出了'布朗佳红'月季。被称为"杂交月季"的月季类群出现了。然后，在 19 世纪 20 年代间，更进一步的新类群——诺伊塞特月季和波旁月季——诞生并抓住了月季种植者们的眼球。

左下：海外运输植物的打包法。罗伯特·詹姆斯依据约翰·埃利丝的《种子及植物引栽指导》（1770）刻出。

右下：黄木香。依据《洛迪吉斯植物室》（1833）第 20 卷中的图 1960 刻出的手工上色版画。

对页：佚名中国画家所画的所谓'淡黄'香水月季彩图。来自约翰·里夫斯在广州委托的一系列绘画作品，并于 1818 年至 1830 年间寄往皇家园艺学会。

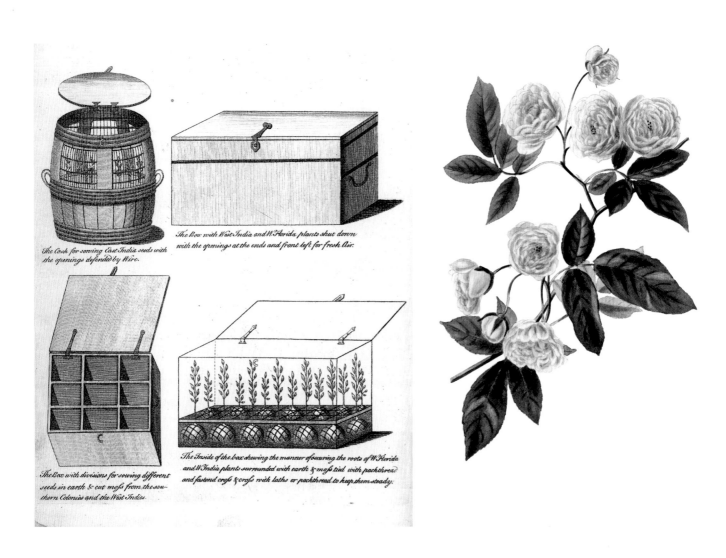

The Cask for sowing East-India seeds with the openings defended by Wire.

The Box with West-India and W. Florida plants shut down with the openings at the ends and front left for fresh Air.

The Box with divisions for sowing different seeds in earth & cut moss from the southern Colonies and the West Indies.

The Inside of the box shewing the manner of securing the roots of W. Florida and W. India plants surrounded with earth & moss tied with packthread and fastend cross & cross with laths or packthread to keep them steady.

Mlle Jeanne Phillippe
(Thee, Godard, 1898.)

4. Schmidt-
Michel.

Alister Stella Gray.
(A.H.Gray 1893.)

诺伊塞特月季

—— 美国对月季育种的贡献

‘月月红’月季在 19 世纪末传入美国。让我们引用美国苗圃主威廉·罗伯特·普林斯的记述来了解诺伊塞特月季的起源。

不止一位作家错误地向世界讲述了这一引人注目的类群的第一批变种的起源。一来是由于已故的查尔斯顿的菲利普·诺伊塞特将这些植物带到巴黎的时候，信息不透明；二来是作家们对自己所论述的植物一窍不通。诺伊塞特月季的第一个品种名为‘千粉’，它久负盛名且广为流传。最初由一位杰出且慷慨无比的花卉爱好者，南卡罗莱纳州查尔斯顿已故的约翰·钱普尼先生用白色的苔藓蔷薇和‘月月红’月季授粉杂交育成。由于他长期和威廉·普林斯（已故）保持联系，因此他相当爽快地给对方送去了两大桶花，每桶包含 6 棵由原植物的插条培育而成的植株。这些植株又繁殖出了大量后代，并被分送至英国和法国。数年后，查尔斯顿的菲利普·诺伊塞特从‘千粉’月季的种苗中培育出了古老的‘粉红诺伊塞特’月季。他将这些月季花称为“诺伊塞特月季”，寄给了他身在巴黎的弟弟路易·诺伊塞特。

‘千粉’月季不具备重复开花性，但诺伊塞特月季能育出重复开花型的植株——这兴许是隐性基因在子二代中得以表达的结果。‘菲利普·诺伊塞特’是第一种见于欧洲的重复开花的藤本月季，苗圃主和园艺种植者们很快便着手进一步育种。到了 1838 年，凯瑟琳·戈尔报道称：“诺伊塞特月季在累积大量品种后，不能再从种苗里萌发出新月季了。”为了佐证自己的观点，她罗列了 93 种英国当时所能获得的诺伊塞特月季。

美国继续在诺伊塞特月季的培育中发挥重要作用，‘伊莎贝拉·格雷’月季是最有趣的美国品种之一，该月季的育种史在 1857 年被媒体广泛讨论。英国有三家不同的苗圃近乎同时推出了它——斯图亚特·罗的克

莱普顿园、托马斯·里弗斯的索布里奇沃思园以及威廉·保罗的沃尔瑟姆克罗斯苗圃——每个苗圃所给出的来源都不尽相同。罗把它当作茶香月季在皇家园艺学会展出，他提议说：“现有栽培中的两三款‘格雷小姐’月季的优点尚未得到证实，因此渴望入手该植物的人们应该留意现在育出的这一种。”里弗斯则回击道：

> 由于这种月季的历史在广告中并未得到很准确的描述，读者们可能有兴趣了解更多它的相关信息。安德鲁·格雷先生是费城的比伊斯特先生的第一位工头，他大概在 8 年前离职，并定居南卡罗莱纳州的查尔斯顿。他随意播种‘黄金圣衣’诺伊塞特月季，并从所培植的幼苗中选育了两株，其中一株以他大女儿的名字命名为‘伊莎贝拉’，又名‘格雷小姐’……3 年前，比伊斯特先生将‘伊莎贝拉·格雷’月季寄到英国，直到现在这个季节才开花……

威廉·保罗随后加入论战：

> 请允许我对这种有趣的月季的历史稍作补充。大概在 3 年前，我通过朋友和比伊斯特先生联络将其引入，他是美国第一位实践型园艺学家。第一批包裹石沉大海；第二批紧随其后，并获得了不错的成功。去年我把它寄给了里弗斯先生，但因为它那会儿还没开花，所以我没有向对方推荐它。我还把上千棵植株寄给了愿意承担运输风险的其他顾客……我在阅读报道时发现有两三款

'格雷小姐'月季进入了流通领域。我给比伊斯特先生写了信，他的答复此刻就在我眼前——"'格雷小姐'月季只有一种，就是我寄给你的那种；你可以把它称为'伊莎贝拉·格雷''格雷小姐'，或'伊莎贝拉·格雷小姐'，它们就是一回事。"

最成功的诺伊塞特月季种也许是'第戎的荣耀'月季，来自切森特的月季种植家乔治·保罗后来回忆起它的出现时说：

> 1853年，第戎的雅科托先生选送出'第戎的荣耀'月季，它在我们1854年版的清单中得到了顶级月季的赞誉（售价每株7先令6便士和每株5先令）。而且它的需求量大得明显，其价格到了1860年仍居高不下。到了1861年人们才把它划为藤本月季类，1863年它才成为大城镇周边地区的优选月季。
>
> 它一定造成了不小的轰动——它是一个新类群的开端，该类群也许是由茶香月季和波旁月季杂交形成——而且我希望雅科托先生能因此发家致富！但这种月季现在已经遍布文明世界，他要怎样做才行呢？而且这种花可能每年增产超过100万株。这不过是"一款月季花"，而雅科托先生可能是经过多年的研究才有所收获，而不是像之前的品种一样稍稍进行"深度杂交"。再者，没有专利法保护新植物的耐心培育者。

保罗提议把它作为一种新类别——"第戎茶香月季"推出，但未被采纳。不过它常常被称作"藤本茶香月季"。事实证明它的亲本是一款诺伊塞特月季和一款波旁月季——'黄铜'月季和'马美逊的纪念'月季——因此它仍属于一款诺伊塞特月季。如今人们还在种植它，特别是在热带国家，它一年四季都在开花。

20世纪最成功的诺伊塞特月季或许是'阿利斯特·斯特拉·格雷'月季，它是'威廉·艾伦·理查森'月季和'皮埃尔·吉约夫人'月季的杂交种，由A. H. 格雷育成（据我所知，和上文提到的安德鲁·格雷没有关系），并由乔治·保罗在1894年推出。（男女性别明显搞错了，阿利斯特·斯特拉·格雷是A. H. 格雷之子，生于1877年，卒于1957年，其一生的大部分时间都在牙买加度过。）阿尔弗雷德·普林斯在它被

引入的两年后进行了描述："它似乎一直在开花……这是一款上好的胸花，且观赏性优良，十分耐寒，在任何环境下都有不俗表现。"H.R.达林顿于1911年撰文表明诺伊塞特月季的声誉在20世纪初期有所下降：

> 也许这种月季受欢迎的程度有点过了。秋季开花的藤本月季似乎有前景可言。我承认我一开始对这种月季感到非常失望，因为它要花点时间才能"开动"，而且我至少有一个朋友对它不感兴趣。但我觉得比起以前，这些年来我开始欣赏它那些平淡无奇的亮点，一款受欢迎的月季往往是具有多个优点的。

对页：'伊莎贝拉·格雷'月季。詹姆斯·安德鲁斯绘，摘自由E. G. 亨德森及其子出版的《花束图谱》的彩色石版画（1857—1864）。

下图：诺伊塞特月季。朗格卢瓦依据皮埃尔-约瑟夫·雷杜德在《蔷薇》（1817—1824）第2卷中所画的图93刻出的彩色版画。

J.^{no} Andrews Del.^t & Zinc.

Tea Rose.

Isabella Grey.

Printed by C. Chabot.

波旁月季

—— 来自印度洋的贡献

在拿破仑战争结束后数年，一株杂交月季从印度洋上的一个岛屿被送往法国。

对页："波旁犬蔷薇／波旁岛蔷薇"。摘自 1878 年的《玫瑰期刊》的彩色石版画。

该岛屿名为"波旁岛"，曾被法国人殖民统治达一个半世纪之久。18 世纪 90 年代，法国废除君主制后，它改称"留尼汪岛"。雷杜德和托里描绘了这种蔷薇，称其为"波旁蔷薇"，它还催生了一类被称为"波旁月季"的杂交群。很快，有关其起源的说法四起，英国玫瑰公司巨头之一，赫特福德郡索布里奇沃思苗圃的托马斯·里弗斯在 19 世纪 30 年代研究了它的历史，并报道称：

关于这种蔷薇的起源，法国人的说法层出不穷。其中最广为接受的版本是，一位法国海军军官在返回波旁岛时，受爱德华先生的遗孀之托，带回了爱德华先生在去印度的旅途中发现的一些稀有蔷薇。她把它种在丈夫的坟前。随后，这种蔷薇被称为"爱德华玫瑰"，并以"波旁蔷薇"一名寄到法国。这个故事十分凄美，但完全不符合事实。现为巴黎一名育种人的法国植物学家布雷翁先生给出了以下说法，并保证了其真实性："波旁岛上的居民常用两排蔷薇围成的篱栏围起土地，一排是普通中国月季，另一排是红四季蔷薇。圣伯努瓦的一位地主佩里雄先生在岛上种植了其中一种蔷薇，并在这些幼苗中发现了枝条以及叶子与其他植株大有不同的个体。这促使他将其种在自己的花园里，第二年它就开了花。果然不出他所料，这是一个全新的品种，并且与上述两种蔷薇大相径庭，那是当时岛上唯一已知的类群。"

法国植物学家让-路易-奥古斯特·卢瓦瑟勒尔-

德朗尚增补了少许细节：1817 年，布雷翁在爱德华·佩里雄的庄园里发现了这种蔷薇，并把它带到了自己任职园长的留尼汪植物园种植。它成功繁殖并开花后，他在 1819 年将其寄给了身在讷伊的奥尔良公爵的首席园丁亨利·安托万·雅克。

"普通中国月季"即"月月粉"月季，1810 年左右在留尼汪有所种植，而"红四季蔷薇"即秋花突厥蔷薇，可能从 17 世纪开始便在那儿扎了根。1820 年，雅克成功使这种新月季开花，并通过苗圃以不同的名字将它推出，其中包括以巴黎植物园园长命名的'诺伊曼玫瑰'。1825 年，维贝尔推出了一款新的杂交种，'玫瑰迷的荣耀'月季，它拥有比'爱德华玫瑰'更深色的粉红花朵。布伦特·迪克松推测这是使用'月月红'代替'月月粉'带来的不同杂交结果。（格特鲁德·杰基尔在 80 年后认为它是"目前所培育出最完美的长春型冬季开花的红花藤本月季"。）尽管如此，到了 1830 年，维贝尔和拉费的公司已经有了十几种商业化的波旁月季品种。1838 年，凯瑟琳·戈尔列出了 14 种能在英国买到的品种。而托马斯·里弗斯则在上一年说过："我希望再过几年能在每一座花园里看到波旁月季，因为花园中没有比这位'花中女王'更美丽的植物。"

在所有的波旁月季中，最负盛名的是'马美逊的纪念'——约瑟芬皇后的玫瑰园在那时肯定已经声名远扬了（即使是误导性的）。《玫瑰期刊》发表了关于培育'马美逊的纪念'的报道：

1840 年，里昂的月季种植家老贝吕兹先生播下了种子，这些种子孕育出了我们带给读者的画像里华丽且巨大的月季花。两年后，即1842年，育种者们发现他们育出了血统不明的月季花，尽管在那时，母株高度仅为30～40厘米的孤零零的枝条上还没有开出一朵花。……这种珍贵月季的花型和花色相当少见，但花的直径只有6～7厘米。第一株嫁接在强健的月季花上的植株开出了直径达8～9厘米的花。换句话说，人们在1843年才育成了大小常见、自然的植株，并开始月季培育商业化。

也许到了18世纪中叶，人们观察色彩（或苗圃主的修辞）的准确性有所提高，因为亨利·柯蒂斯在1850年引用的描述是"浅肉红色"（里弗斯语），"淡肉红色"（保罗语）以及"白色、花心浅粉红色"（莱恩语）。这些都更接近于以下的现代描述："花色为柔和的浅肉红色，边缘逐渐转为白色。"这种月季的血统尚不明确：它有可能是'德普雷夫人'月季和'玉兰玫瑰'月季的杂交种。正是由于'马美逊的纪念'一名如雷贯耳，它被用在了一类花色与之相似的康乃馨上（即马美逊类康乃馨，在经历20世纪的近乎绝迹后，如今已重焕新生且可以买到）。

尽管有一些刻薄的批评者，但事实证明来自鲁昂的园丁加尔松在1881年推出的'伊萨·佩雷雷夫人'月季可能是后期的波旁月季中最受欢迎的。彼得·哈克尼斯表示："这款蓬乱的重瓣月季显眼的粉红色和富有侵略性的紫红色花朵打了一场败仗。芽变品种'恩斯特·卡尔瓦夫人'月季即源于它，后者的粉红色调更为突出稳定。这两个品种常常被人们誉为古典园艺月季的典范。我不明了个中原因，就好比搞不懂为什么兵排中的其他人总是跟不上雇佣兵[1]。"

从长远来看，波旁月季的缺点是花球过大，还极易患黑斑病。到了19世纪末，它们便不再是新品种月季培育者们的宠儿了。

---

[1] 原文为"Johnny the soldier"，指英军的廓尔喀雇佣兵团，以骁勇善战著称。——译者注

下图：'马美逊的纪念'月季。阿尼卡·布里科涅依据维克多·帕凯在《挑选最美丽的月季》（1845—1854）中所画的图刻出的彩色版画。

对页：'伊萨·佩雷雷夫人'月季。摘自1893年的《玫瑰期刊》的彩色石版画。

Rose thé: Sunset.

茶香月季

—— 月季育种走向高潮

用'休氏粉晕'香水月季和'淡黄'香水月季育成的杂交月季统称为"茶香月季"。在几十年的杂交过程中，总的来说，茶香味逐渐减弱或消失，因此，"茶香月季"被简称为"茶月"。

1891年，约翰·哈克尼斯将茶香月季和继茶香月季之后成为主流的杂交长春月季作对比时说道：

> 如果说月季是花中贵妃，那么茶香月季就可以说是花中皇后。毫无疑问，人们常常说的"茶月"比起其他粗壮多彩的同类而言，美得更精致，更微妙。在杂交种中，它们美到人们将其推荐给茶香月季狂热爱好者（他们在展览会上名声昭著）时，活像现代版的"美女与野兽"。

当然，第一个真正的茶香月季的身份存在一些不确定性；茶香月季和杂交中国月季的界限在哪里？（实际上，19世纪的苗圃主往往用花型进行区分，而不是血统，因而产生了许多混乱。）让·德普雷是最重要的育种先驱，他育出的'鲁塞尔夫人'月季可能是现存最早的茶香月季。不过，他培育的第一个大受欢迎的茶香月季品种是'亚当'月季，其推出日期尚有争议，但大致是在19世纪30年代中期。这些'粉晕'香水月季的后代的花色为红色或粉红色；博勒加尔在1839年育成的'橘黄'月季将黄色的色调带到了茶香月季中，它很明显是用'黄花'香水月季杂交成的。尽管它名字叫作'橘黄'，却很少呈橘黄色。亨利·柯蒂斯在1850年的时候记录了各个苗圃对它的描述，他们描述花色的用语从"深黄褐色"到"浅杏色"都有。用迪恩·霍尔的话来说，种在里维埃拉地区的月季中有九成都是'橘黄'月季，而且它们如今仍被广泛种植。第一款来自英国的茶香月季是由来自德文波特的福斯特培育的、于1841年推出的'玉兰玫瑰'月季。

这些月季塑造出了人们希望茶香月季遵循的样子：花朵单生或聚成一小簇，花心拔高，花瓣围绕花心成螺旋状聚拢。这样的花型使得它们十分适合作为培育的标准——但它们茎干柔弱，花朵常常低垂，这就带来了些许难度。在茶香月季全盛期间，月季花开始声名大噪，成为一种需要特别精心养护的脆弱花。到19世纪末时，茶香月季出现了明显的地理分化：茶香月季在地中海、里维埃拉地区和法国南部一如既往地受欢迎，而在欧洲北部则淡出了潮流。H. H. 东布雷恩在19世纪90年代给出了解释：

> 里昂是卓越的茶香月季之乡。里昂日照充足、气候温热，适合种子成熟和植物生长，但它的缺点是夏季炎热，植物不能持续开花；因此，参观玫瑰园经常令人失望，因为它可能刚刚经历过法国南部常见的严重雷暴。

不过，人们不禁要问，在茶香月季难伺候的言论中，夸大的成分有多少。整个19世纪，英国的种植者们一直在培育新的茶香月季。宾夕法尼亚州几乎没有地中海气候，但这并不妨碍科纳德与丁吉公司成功育出茶香月季。其中有一款是'橘黄'月季的后代，他们称之为'金门'月季。福斯特·梅里亚就该品种在英国受到的欢迎做了有趣的描述：

> '金门'月季并非一个很优秀的品种，但如果细心照料的话，它有可能在任何地方都开出硕大的花。它株型良好，但事实上花心部分有些杂乱。除了白色以外，几乎没有别的颜色，在一些奇怪的位置会出现杂色和减斑；但它仍然是一款

左图：'维克多·雨果的纪念品'月季。摘自 1885 年的《玫瑰期刊》的彩色石版画。

对页：'金门'月季。摘自 1894 年的《玫瑰报》的彩色石版画。

颇有用处的新款月季。我听过一些说法，也读过一些人的文章，他们应该知道得更清楚一些，他们想知道为什么它被称为"金色"，因为它的黄色调若有若无。作为一款美国月季，它自然是以圣弗朗西斯科市的著名港口来命名的。

　　然而最终，在杂交茶香月季兴起以前，历史悠久的茶香月季没落了。在第一次世界大战前的 10 年左右，有商业流通的品种数量急剧下降。最后一款获得英国玫瑰学会授予的金牌的茶香月季是 1921 年的'梅里埃尔·威尔逊'月季。但正如汉弗莱·布鲁克总结的一样，战后人们对古典月季重燃兴趣，又将茶香月季带了回来：

　　到 1977 年为止，L. A. 怀亚特先生已经把他的《月季招领清单》寄送了将近 10 年的时间。这是一项重大的开创性壮举。尤其是他的清单对整个茶香类月季的复兴都有帮助。它们当中有的品种比人们想象的还要耐寒；像'奥菲莉娅'月季、'卡特琳·梅尔梅'月季（1869）就是个中例子。不过，在英格兰东部寒冷的白垩土上搞园艺，我才不会冒险把这些罕见的可人儿置于此种环境。我把茶香月季种在大花盆中，置于无暖气的玻璃温室下过冬。

　　怀亚特重新发现的一系列茶香月季传到了大卫·奥斯汀的手里，并帮助奥斯汀开创了新的杂交类群"英国月季"。

Pl. 88.

Rose Général Jacqueminot (Hybride Remontant).

Famille des Rosacées.

杂交长春月季

——19世纪的市场领军者

沃尔瑟姆克罗斯苗圃的伟大园丁威廉·保罗描述了一件发生于1842或1843年的事件，地点在巴黎附近的拉费苗圃。

我曾经在法国一位月季种植者的花园里踩到一株幼苗。我因为自己的过失而第一次瞥见'皇后'月季。一通不像法语口音的咆哮使我意识到这株植物的实况。所幸植株没有受损，但是花蕾毁于一旦；而这次毁损致使园主的工作陷入了一两个月的停滞。也许我离灭绝一个优质品种只有一步之遥。

能让威廉对他周遭的环境心不在焉的'皇后'月季是什么呢？20年后他才说起它"在园艺道路上未曾被超越；其玫红色的花朵带有淡紫色调，硕大而且呈球状"（1850年，亨利·柯蒂斯引述了从保罗到里弗斯都在用的颜色描述"有光泽的玫红色"；这和奎斯特-里特森所做的现代描述有巨大的反差："花色为深紫红色，带浅的反相色"）。

'皇后'是第一款重要的杂交长春月季，是拉费实施了10年的育种项目的产物，该项目旨在将更多杂交中国月季的特点带给波旁月季。结果培育出了花朵通常为单色、开花巨大的大型植株。在1837年，拉费就给保罗寄过他的第一个试验品种（'伊莲娜公主'，"一款美丽的紫色月季"）：

> 这是月季品种和如今已过时的大马士革长春蔷薇第一次明显的分水岭，后者在当时还非常流行……幸运的是，这种杂交种可以自由结出种子，3年后我们便有了不下20个品种。现在，这个数字变得庞大起来，而且它们已经取得了和25年前法国的蔷薇花在花园中的同等地位。没错，它们是最优秀的月季，且增长的速率比其他群组都快。

重复开花和花期长并不是一回事。月季育种者一直在使用中国月季来培育重复开花的新品种，结果好坏参半（当时还没有隐性基因这一概念，因而月季育种者们解释不了为何第一代杂交后代常常不能多次开花）。在杂交长春月季出现前的几年，托马斯·里弗斯批评月季种植者们在其热衷的事业上做出了错误的论断；他写到一款名为'长春白苔藓'的突厥蔷薇品种时说道："这种蔷薇是一项证据，它证明了种花人更倾

101

向于用如他们所愿的描述性名称去命名植物，而不是按植物本来的样子。长春苔藓蔷薇并不长春；但它和'老月月大马士革'蔷薇一样，在潮湿的秋天和肥沃的泥土里，有时会生出花枝。"杂交长春月季的目标是延长花季，打破传统的6月和7月的花期。拿1863年的晚花品种'维克多·韦迪耶夫人'和这篇受欢迎的吹捧短文来说："这个将成为藏品的品种优良无比，它的名字正好与法国的玫瑰栽培史一致；欧仁·韦迪耶先生没有选对，一个突出该品种具有大花优点的名字，比他母亲的姓名更有价值。"

最成功的杂交长春月季可能是'雅克米诺将军'，它是'玫瑰迷的荣耀'和一款佚名月季的杂交种。（让-弗朗索瓦·雅克米诺是拿破仑的一名将军，他曾经是滑铁卢战役中的一位英雄，也是君主制复辟后的一枚眼中钉。这不是唯一一款以他的名字命名的月季：拉费在1846年便用他的名字命名了一款杂交中国月季。）鲁斯莱在1853年推出了这款月季，并在凡尔赛宫的一个展览评审团中获得一等奖。O. 莱斯屈耶报道说："这种花量巨大、花色丰富的月季将会成为最美丽的收藏品种，由毗邻巴黎的默东园丁鲁斯莱投入市场。"近半世纪的时间，它都是世界上种植最广的深红色月季。迪恩·霍尔斯追忆说："我还清楚地记得当时我们打扮得光鲜亮丽来欢迎这位无敌的常胜英雄。但培育月季并不像学校里教的神学理论，而是一种确定的事实。有了诸如'夏尔·勒菲弗'这样的月季出现，'雅克米诺将军'必定相形见绌。"不过'夏尔·勒菲弗'月季如今在哪儿呢？它已经买不到了，而'雅克米诺将军'仍有流通——还是如今大多数深红色月季的祖先。

约瑟夫·彭伯顿后来回忆杂交长春月季的兴衰时说："那时候出现了我们称之为'杂交长春月季'的类群，当第一批的花期过后会迎来第二批。但到头来它们不过是以前的重复。第一批杂交长春月季只剩零星的花朵。"（"第二批"则是后来的杂交茶香月季。）威廉·罗宾逊后来一再揶揄说："月季种植者们的命名法把'杂交长春月季'一名给了开花时间最短的月季。"除此之外，还有一些埋怨的声音指出杂交长春月季植株脆弱、缺乏抗病性以及——和多数茶香月季一样——相比起欧洲北部，它们在温暖的气候中长势更好。

1884年，威廉·保罗的外甥及友好的竞争对手，来自切森特的月季种植者乔治·保罗在其清单中列出了超过800种杂交长春月季，而杂交茶香月季只有9种。在接下来的25年中，这个比例发生了逆转。L. A. 怀亚特写道："说到杂交长春月季，它们的衰落和它们的兴起一样特别。1888年至1898年间，威廉·保罗记录了224种新月季，其中杂交长春月季只有47种；它们已经被总数有58种的杂交茶香月季所超越。而另外两个新出现的类群迅速抓住了大家的想象，它们分别是小姐妹月季以及蔓性月季。"新杂交长春月季的数量持续下降，1914年是英国皇家玫瑰学会最后一次将金牌颁给杂交长春月季（'安妮·克劳福德'）。1914年，科尔切斯特的坎茨公司杂交了他们的最后一款长春月季。欧洲大陆和美国的一些育种者持续培育新品种，但有许多甚至没有在英国上市。

杂交长春月季并没有完全消失；有些品种，比如'德国白'月季仍有种植。然后，在20世纪50年代，格雷厄姆·托马斯开始重新引进一些品种，这刺激了其他苗圃主去寻找它们。1965年，戈登·罗利宣布'皇后'月季再也找不到了，并进行了国际搜寻，最终于1968年，在桑格豪森镇的一个大型德国玫瑰园里发现了它。怀亚特在1981年说道："缺席了60多年后，所有真正重要的杂交长春月季都回到了英国。"

对页：'于尔里克·布伦纳'月季和小姐妹月季'塞西尔·布吕纳'。摘自1886年的《玫瑰报》的彩色石版画。

下图：'维克多·韦迪耶夫人'月季。摘自1901年的《玫瑰期刊》的彩色石版画。

Ulrich Brunner

Öfterblühende Hybrid Rose

Antoine Levet. 1881.

Mad^lle Cécile Brunner

Polyantha Rose

Vve Ducher 1880.

Rose: Madame Sancy de Parabère (Jamain 1875)

树状月季

—— 维多利亚时期的潮流要素

19 世纪的月季新品种的花朵往往具有高度观赏性，育种方向也从重瓣花朵开始转向复杂螺旋状排列的花瓣。

1957 年，戈登·罗利描述了这些发展的重要性："17 世纪的嫁接和芽变推动了像百叶蔷薇及苔藓蔷薇这样的新植物的传播，它们不会产生种子，用切枝繁殖的速度或缓慢或困难。人们对借根繁殖的依赖程度渐长，这是使月季花从自给型灌木上开花的第一步。"并且，让单朵花变得更加显眼的需求致使人们将月季修剪成树状：先是把一根或多根茎干沿金属支杆垂直修剪，然后在特定高度将植株延展成定型的框架以便展示花朵。

19 世纪 80 年代，切森特的乔治·保罗试图弄明白树状月季是什么时候发明的。

> 我在苗圃的书里能找到的第一个有关树状月季的记录日期是 1827 年 3 月 24 日。"E. 波尔克女士买了 3 株树状月季，15 先令""给露西·沃恩寄 5 株树状月季，25 先令"。从那时起，树状月季在记录中频繁出现，到了 1832 年，它似乎变成了普遍需求，供应量也成比增大，因为它的价格和当年的其他品种相同。

我们的总经理（指迪恩·霍尔）在其不断再版的月季著作里说树状月季是 1818 年从法国引入的，来自克拉伦斯公爵的皇室订单花了大价格订购了 1000 株。哈默史密斯的李先生在 1820 年进口了这些月季，而且约翰·李先生清楚地记得他的父亲在 1882 年收到一个来自法国的包裹，里面有 8000 株月季，每株 3 先令……

1851 年到 1870 年间，树状月季似乎最受欢迎，数量增长非常大，我们和其他苗圃每年种植 10 万株到 15 万株，每个花园都有树状月季的玫瑰园。

19 世纪 30 年代，劳登建议把树状月季修剪成"可以展示花朵和株高"的杯状、伞状或高高的方尖碑形。在维多利亚时代早期，茶香月季的花朵往往低垂，而树状月季的花朵则远高过观赏者的头顶（劳登："高度为 3~6 米"）；建于 19 世纪 30 年代、位于牛津纽纳姆科特尼村的玫瑰园（见 112 页）展示了树状月季的修剪高度。在 19 世纪下半叶，随着杂交长春月季和杂交茶香月季数量激增，观赏者可以俯视植株的低矮型树状月季变得更为普遍。

起源不明的'桑西·德·帕哈贝勒夫人'月季是最适合修剪成树状月季的一个例子：

> 就在 1873 年，在（塞纳省）旺沃镇的园艺学家 M. 博内的花园里，F. 雅明先生第一次看见这种月季。应博内夫人的要求，他将其命名为'桑西·德·帕哈贝勒夫人'……巴舒先生看到了这种月季，认为他几年前在德·布瓦米翁先生那里种过它，那时候它叫作'无刺'月季。特吕福先生也认为他知道前者所说的植物。F. 雅明并不认为"无刺"的特点足以证明二者（'桑西·德·帕哈贝勒夫人'与巴舒先生所称的'无刺'月季）是一码事，因为无刺的藤本月季还有很多。在他的苗圃里有不计其数的月季种类，但没有和今天展出的这一款相似的。

根据这一说法，已故的特德·艾伦认为其起源日期应为"1845 年之前"。

在 19 世纪初，香叶蔷薇是培育新品种最常用的砧木。紧接着，在 1828 年，意大利出现了一款新月季：带有诺伊塞特月季血统的'玛内蒂'月季——由朱塞佩·玛内蒂育成，他是蒙扎皇家别墅的首席园丁，曾把林德利的《园艺学要则》译成意大利语。我从未见过有人为了赏花而种植'玛内蒂'，它一般是用作嫁接其他月季的砧木。它在 19 世纪中叶十分受欢迎，以至于我们可以找到威廉·保罗在 1863 年所写的告诫："不要购买接在'玛内蒂'月季上的古典月季，除非你能证明它们在土壤中或接在犬蔷薇上和自生都存活不了。但一定要买接在'玛内蒂'上面的新月季。"不过，随着时代发展，反对的声音也越来越多。1887 年，月季种植家邓肯·吉尔摩的广告上打着醒目的大字"拒绝'玛内蒂'"。到了 20 世纪，尖酸的威廉·罗宾逊评论道："我常常希望那不勒斯的玛内蒂阁下没有出生，这样一来他的名字就不会被用在糟心的月季砧木上。"

因此，我们卷入了一场庞大的维多利亚时代的争议，它的热度比太阳的温度还高：即砧木上的月季花

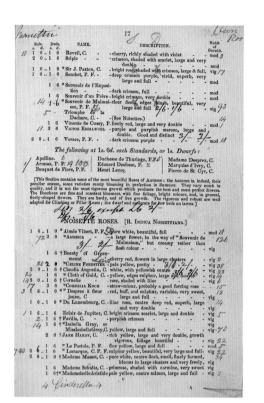

左图：沃尔瑟姆克罗斯苗圃在 1860—1861 年由威廉·保罗发行的月季商品目录的附注副本页面。

下图：种在苗圃试验田里的月季。摘自 1886 年的伦敦种子商詹姆斯·卡特公司的商品目录。

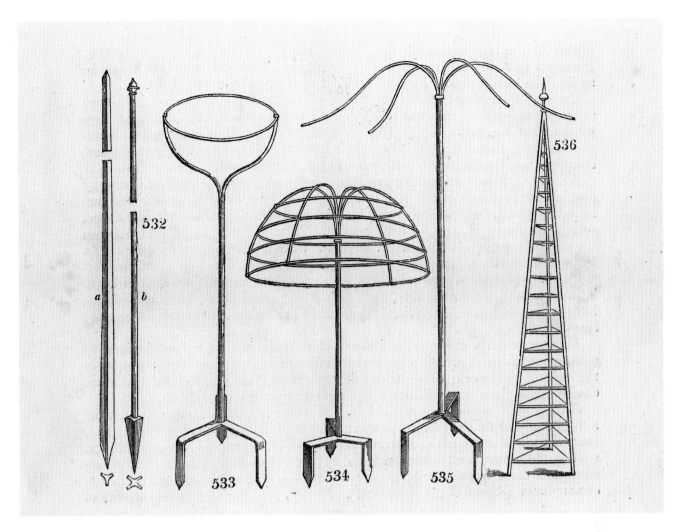

上图：树状月季的修剪设备。摘自 J. C. 劳登的《英国树木志》（1835—1838）的木刻画

长得好还是自生的长得好？唐纳德·比顿多年来都在《乡舍园艺家》撰写每周专栏，1854 年，他无意中泄露了秘密：

> 我从来没有发现，也无法理解月季的特殊秉性在别的根条上得到改善的奥秘。从头到尾不过是图个方便。……看看莱恩先生（伯克姆斯特德的苗圃主爱德华·莱恩）有多少块金牌吧，它们价值 15～25 英镑不等。他能大赚一笔是因为他知道对于任何一个月季品种来说，一切根条都比不上自生来得实在。我相信他从未被任何人击败过；尽管他每年都卖出上万株月季品种，但是他太过谨慎了，从不带这些月季参加公开比赛；无论如何，任何拥有嫁接月季品种的人都无法超越拥有原始月季的他。

比顿是不是泄露了商业机密呢？他似乎有过这样的担心：

在我确切写完月季要用自生的根条来种植之后，有一天遇见了莱恩先生和保罗先生。因为当时他们两个都在，而我独自一人，所以我设法站在道路的一侧，以免他们对我口诛笔伐。不过我不希望他们揣测为什么我也恰好在马路对面，所以他们点头致意时，我也点了点头，然后直接问他们："现在的月季是什么行情？"其中一个人回答说："很好，很好。"而另一个人说："你先请，你还要赶路呢。"

请看 106 页摘自威廉·保罗在 1860 年到 1861 年的商品目录插图，上面注明了嫁接在'玛内蒂'上的月季价格和籽播月季的价格。到了 19 世纪末，彭赞斯勋爵评论道："我对自生月季有着不容忽视的经验，我很遗憾只能保它们当中的大部分活 5 年，可观溢价太小了。"

AIMÉE VIBERT.

(Tribu des Noisettes)

藤本月季及蔓性月季

—— 花园装饰新理念

1907 年，罗丝·金斯利说道："若所罗门说过'著书立说没有止境'[①]，那么藤本月季也一定是这样的。它们的繁殖什么时候才会停止呢？"

不过，要是时间再早个 80 年的话，她就没法说这番话了，因为在 19 世纪以前，麝香蔷薇几乎是唯一一种可用的蔓性蔷薇。在 19 世纪最初的几十年里，密刺蔷薇的流行增加了蔓性蔷薇的数量，但直到 19 世纪 20 年代，富有装饰性的蔓性月季才第一次出现在市场上。歌德曾经将法兰克福蔷薇铺满他的房子，但英国没有人效仿他的做法。

讷伊奥尔良公爵的首席园丁亨利·安托万·雅克是培育观赏藤本月季的先驱。19 世纪 20 年代，他试着将常绿蔷薇和其他的月季杂交，在 1826 年育成了'阿黛莱德·德鲁莱昂'月季，次年又育出了'菲丽西黛与珀佩图'月季。欧仁·韦迪耶把它们引入市场，并于 1815 年建立了第一个专业的月季苗圃。有人引用他的话说，英国人看到'菲丽西黛与珀佩图'月季时会屈膝跪地。不仅英国人会这样，伟大的美国历史学家、哈佛大学前园艺学教授弗朗西斯·帕克曼也说"抛开可笑的名字不论"，它是"最美丽的藤本月季之一；在欧洲的花园里，它偶尔也被培育成垂挂在撑架上、廊柱间亮眼的结彩，或用闪亮的翠绿色叶片和无数的奶白色花球覆盖寒碜的枯桩，形成一个能想像得到的、最吸引人的景象之一"。其名字中的圣菲丽西黛和圣珀佩图是早期的基督教殉道者，5 月 7 日是她们的纪念日——然而这种月季一般不在这个时候开花。

让-皮埃尔·维贝尔一直在用常绿蔷薇和诺伊塞特月季来培殖蔓性月季：1828 年，他育出了'艾梅·维贝尔'月季，一举获得成功。美国苗圃主罗伯特·比伊斯特对此大加赞赏：

'艾梅·维贝尔'，又名'雪白'，是一款十分美丽的纯白色月季，它的株型无可挑剔，且不断开花……由住在巴黎附近的隆瑞莫镇[②]的让-皮埃尔·维贝尔先生对开一季花的（重瓣常绿）蔷薇进行籽播得来。此前他便已通过籽播获得了许多优良的月季花。1839 我去拜访他的时候，说到月季，他满腔热忱地让我关注这个品种，他说："它太美了，我要用我可爱的女儿的名字来给它命名——艾梅·维贝尔。"那些和我一样看到两个"艾梅·维贝尔"的幸运儿都不难理解这种热忱——无论是月季还是女孩都在盛放，也都如同她们动听的名字一样可爱。

这种月季大受欢迎得益于其异常长久的花季。在其推向市场 10 年后，威廉·保罗写道："没有什么比这更好的了，在 9 月份和 10 月份，这种大型的'艾梅·维贝尔'诺伊塞特月季会覆满雪白的花朵。"

到了 20 世纪初，尝试从极受欢迎的月季花里育出藤本型品种几乎成为一种风俗。一个典型的例子是'爱德华·埃利奥夫人'月季，1913 年由里昂的佩尔内-迪谢育出。该月季在 20 世纪 20 年代鼎鼎有名，难以超越。尽管期间发生了破坏性的世界大战，但来自卢森堡的凯膝兄弟公司在 1921 年育出了'藤本爱德华·埃利奥夫人'月季。是什么让原款月季变得有口皆碑——或者臭名昭著呢？这里有《玫瑰期刊》中的记载，描述了 1912 年在切尔西医院举行的皇家国际园艺展的比赛结果：

《每日邮报》金杯赛——我们了解到，评委会负责把《每日邮报》提供的价值 1300 法郎的金

---

① 见《传道书》12:12。——译者注

② 原文误作 Lonjeameaux。隆瑞莫镇（Longjumeau）在巴黎南部，维贝尔在 1835 年将苗圃搬迁至此。——译者注

奖杯颁给伦敦展会上最漂亮的月季，该奖由佩尔内-迪谢先生培育的'爱德华·埃利奥夫人'月季摘得。

但是，获奖的条件之一是得奖月季的名字要包含"每日邮报"一词。佩内尔-迪谢先生不同意他的月季改名，因此评委会不得不选择另一个新品种。

临近刊发时，我们收到通知，经过审查，其他没有名字的月季品种当中并没有像'爱德华·埃利奥夫人'那样有远景可言的品种，评委会决定把奖颁给它。结果佩内尔-迪谢先生获奖，他的月季将会有两个名称，即'每日邮报'和'爱德华·埃利奥夫人'。我们不知道同时给一款月季取两个名字怎么行得通。

次月，记者科歇-科歇再次讨论了这一问题，与此同时找到佩内尔-迪谢作了澄清：

我们很高兴在巴加泰勒园见到和蔼可亲的伙伴佩内尔-迪谢先生，我们问他，在伦敦获得每日邮报金奖杯的优秀新月季品种的正名是什么？佩内尔-迪谢先生恳请我们使用'爱德华·埃利奥夫人'一名，并一直用下去。

他只是同意给'每日邮报'加上括号，放在'爱德华·埃利奥夫人'一名后面。

此授权仅适用于英国。

佩内尔-迪谢的月季接连获得了英国皇家玫瑰学会金奖、皇家园艺学会银奖以及莱伊玫瑰园杯最佳新月季奖。一位英国作家忧喜参半地赞美它说："'爱德华·埃利奥夫人'月季由一株未名的幼苗育出，是'卡洛琳·特斯特奥特夫人'月季和一款佚名的佩尔内类月季的杂交后代。这真是一个非凡的血统。……它的花被一些作家糟蹋得支离破碎，感觉它被亵渎了。它的独到之处在于花色。……我们一定要尽可能地多种植这种奇特的月季。"

同样，来自波塔当镇的山姆·麦格雷迪在1910年推出了'赫伯特·史蒂文斯夫人'月季，1922年，佩内尔-迪谢育出了此处的插画所示的藤本型品种。来自阿克斯布里奇的洛先生和肖耶先生生育出了'希灵登夫人'月季，并于1910年获得英国皇家玫瑰学会金奖；1917年，美国月季种植家伊莱沙·希克斯推出了它的藤本型品种。

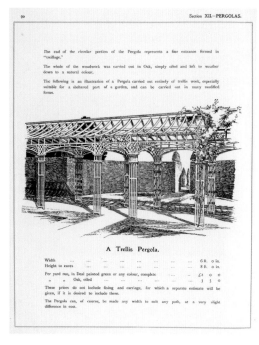

上图：'爱德华·埃利奥夫人'月季（'每日邮报'月季）。摘自佩内尔-迪谢1913年至1914年间发行的"世界闻名的里昂月季花"商品目录。

左图：伊尼戈·特里格斯设计的月季支架。摘自贝德福德郡派特尔公司在1906年由约翰·P.怀特发行的花园家具商品目录。

对页：'藤本赫伯特·史蒂文斯夫人'月季和'藤本希灵登夫人'月季，格雷厄姆·斯图亚特·托马斯绘（于1965年以前）的水彩画。

THE ROSE GARDEN.
NUNEHAM. THE SEAT OF G.G.HARCOURT ESQ.RE M.P.

19世纪早期的玫瑰园

—— 设 计 观 的 开 端

专门的玫瑰园或玫瑰分园的理念出现于 19 世纪初。文献中谈及的第一个例子是汉弗莱·雷普顿在他的最后一本书，1816 年的《琐记》中提到的位于赫特福德郡阿什里奇的花园。

雷普顿规划了一系列"多达 15 座不同类型的花园"，这些园子是围闭式的，以便人们第一眼就可以把它们区分开来，其中有一座是玫瑰园。遗憾的是，雷普顿仅提供了一张插画（"一幅依据回忆画成的素描"），未提供蔷薇属植物的种类清单，也缺乏描述。刻版画展示了一座带中央喷泉的圆形花园，周围排列着矮生蔷薇的花坛，还搭有给攀援类群准备的拱形篱棚。这些攀援的蔷薇属植物是什么呢？会不会是麝香蔷薇？这个园子是按照雷普顿的计划完成了的，还是说这幅画描绘的只是一个纯粹假设的花园？

不过，这个设想已经发表，并且在 19 世纪中叶——当花园设计师们兴奋地发现正式布局和几何形花坛有可行之处时——玫瑰园开始有了发展。该时期的园艺权威约翰·克劳迪乌斯·劳登在其 19 世纪 30 年代的大型树木百科全书《英国树木志》中提出了自己的建议：

> 玫瑰园是打算用来种植蔷薇属植物的地方。如果想要展现最佳效果，可以将它们按组别划分片区；比如第一块用来种苔藓蔷薇，第二块用来种诺伊塞特月季，第三块用来种密刺蔷薇等。且一般都要把它们种成灌丛状，而不是树状……

还有，建筑师 E.B. 兰姆提出了一个长约 76 米的对称式花园的设计方案，他说道："该设计预计包含里弗斯先生除藤本月季外的全部蔷薇组别。我们认为将藤本月季种在露天拱廊，或者沿着廊柱和方尖碑种成一列的效果比拥挤的群植更好。"不过该设计参考的是金字塔形建筑，而不是廊柱和方尖碑。

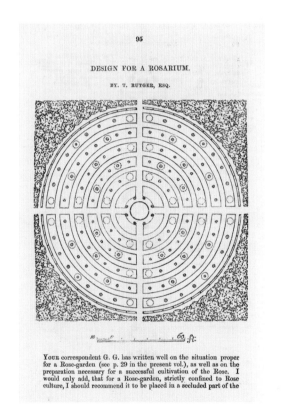

95

DESIGN FOR A ROSARIUM.

BY. T. RUTGER, ESQ.

10 | | | | | | *60* ft.

YOUR correspondent G. G. has written well on the situation proper for a Rose-garden (see p. 29 in the present vol.), as well as on the preparation necessary for a successful cultivation of the Rose. I would only add, that for a Rose-garden, strictly confined to Rose culture, I should recommend it to be placed in a secluded part of the

大约在劳登发表这一设计建议的时候，有人在牛津郡的纽纳姆科特尼区建造了一个花园。18 世纪 70 年代，诗人威廉·梅森在这里设计了一个花园。1834 年，劳登参观该花园时表示这里成了弃园："花园里如今长满了榆树和其他常见的树木……不再适合种花了。"园艺师威廉·索里·吉尔平对花园进行了翻新，将其中的一部分改造成了玫瑰园。19 世纪 50 年代，E. 阿德维诺·布鲁克绘制了这个花园，他将其描述为"一块圆形的、排列整齐的地皮……种有最好的月季，既有树状的，也有灌木状的，还有大量的地被以及观赏植物"。贝德福德郡普特里奇贝里别墅的首席园丁罗伯特·菲什添补了更多细节：

据我回忆，这些花坛是呈同心圆式排列的。最高大的月季种在中央，固定在柱杆上。当你从中心往后踱步，月季便越来越矮，到了外围则种满了低矮的、肆意盛开的种类。不过除了这些以外，由大量花坛组成的外环围列四周，用来种植花花草草以形成对比色。

下面还要展示几个玫瑰园的设计，它们和菲什的叙述一样，都是那10年间的产物。其中一个来自资深园艺师托马斯·拉特格，他阐述了"如何在灌丛中辟一处幽蔽的地方，使人们能在月季盛开时穿过灌丛进行观赏"。详情如下：

玫瑰园中央是这样一处圆形建筑：外径有8根支撑梁，正中心的位置放一根厚实的顶梁，周围是一圈座椅；还应该给它加盖一个穹顶，同时把外径的支撑梁作为藤本月季的攀架。……沿着圆周分布的小圆坛用来修建月季墩子，处于中心的缀点种上树状月季，其余的地方留给矮生月季。

威廉·戴维森日前从萨福克郡的灌丛花园离职，成为一名自由景观园艺师。我们从他的设计里得到了以下内容：

花房与豪宅排成一条线，集中建在草坪尽头，若隐若现，同时通过覆盖着玫瑰和其他耐寒藤本植物的铁拱廊与露台和灌木丛相连。……带有花饰的柱杆要离铁拱廊远一点，专门用来缓冲其中

左下：E. B. 兰姆的玫瑰园设计。摘自 J. C. 劳登的《英国树木志》（A1838）的木刻画。

右下：威廉·戴维森的玫瑰园设计。摘自 1855 年的《种花人》的木刻画。

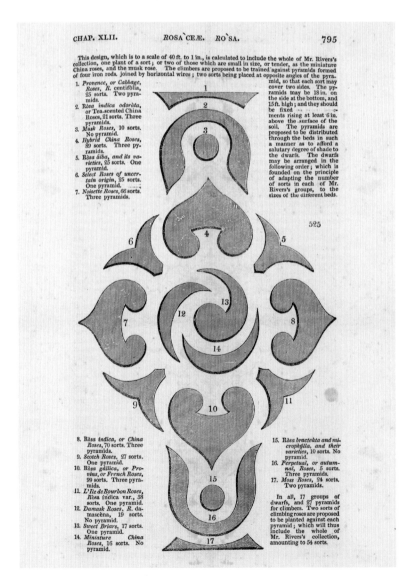

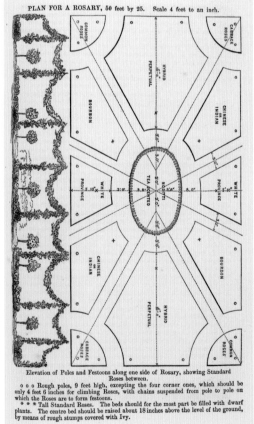

某个花房过于突兀的效果，同时打破铁拱廊之间的界线……

引入少量树状月季会带来惊喜，但是……在所示空间内，如果植物种得疏散，就种不下更多月季了。……除了必要的树状月季外，花坛中都种上矮生的月季……

1844 年，小说家、基督教社会学家查尔斯·金斯利成为汉普郡埃弗斯利教区的牧师，他在那里建造了一个玫瑰园。他的女儿罗丝在数年后成为园艺作家，她回忆道："这是一个小型的玫瑰园，一个可供选择的避风港，……边界的后面种着柱状月季，其中包括'艾梅·维贝尔'月季。""后来，早期的清单里又加入了许多矮生的月季种类，最棒的是，我的父亲钟情于'维克多·韦迪耶夫人'月季。"

上述所有例子中，力求达到的最大效果是垂直原则：园子里一定会有树状月季、拱廊、花彩以及垂饰，和花坛中低矮的月季形成对比，而且全部排成几何图案。大多数玫瑰园都会用篱栏或灌木带围起来，以便在视觉上与众不同（也让月季盛开时更显眼）；鲜有花园会把月季布置成窗外的主花境。赫特福德郡有一座

修建于 19 世纪 50 年代的波尔斯园，它是一个有悖于垂直原则的例子：

在温室前面有一个露台，在那里可以远眺整个玫瑰园。园中种有上好的品种，其中包括杂交长春月季，而修剪过的茶香月季则紧贴着 6 英尺高的台壁。玫瑰园的中心是一个被扇形花坛包围的基座，此外还有圆形的走道，而外侧的 12 个花池则指向中心。整个园子被 4 条主过道彼此隔开的 4 条边界包围，并在中心交汇。在上方的露台上，走道两边都有 12 个花坛，6 个带边角的椭圆形依次划出数目相等的圆弧，花坛里全部种满树状月季。

劳登说过："通常来讲，树状月季沿着大街的行道边缘种植时，效果最佳。"半个世纪后，乔治·保罗也同意他的看法："如今，树状月季是必不可少的东西。在大型的花园中，草坪边和狭长碎石小路旁种着树状月季。树状月季巨大的花球和笔直的茎干可以打破单调的草皮、草本植物或混生植物的分界线。"

罗伯特·福钧和他的中国月季

—— 黄色月季的进一步发展

木香花和'淡黄'香水月季带来的影响让欧洲看到了来自中国的黄色月季具有远大的前景。

罗伯特·福钧在奇西克园艺协会的花园里接受过园丁培训，并且在园丁新型考试中名列前茅。协会成立了一个中国委员会，成员包括前广州茶叶代理商约翰·里夫斯。1842年，委员会选定福钧远航中国、采集植物。这位年轻的幸运儿拿到一张清单，上面列有22条需要他特别留意的事项。除了要找出"竹子的种类及其用途""一种叫作'金橘'的柑橘""用来制作宣纸的植物""用于种植品质各异的茶的砧木"以外，

委员会还要求福钧找到"除了木香花以外，据说存在于中国花园里的两种重瓣的黄色月季"。

1843年7月，福钧到达中国，他对中国沿海的第一眼印象是令人失望："从海上远眺，目光所及之处都像是一片焦土，遍地都是花岗岩和红色的黏土。树木寥寥无几，长势迟缓。……这是我在英国听得烂熟的'鲜花之国'，那个开满山茶、低地杜鹃和月季花的地方吗？"他于1846年5月返回英格兰，并于第二年出版了一本关于这趟旅行的畅销书。他随后（为东印度公司等）进行的三次考察均出版了多本书。其中最有经济意义的是他后来把中国的茶树引栽给东印度公司，开创了（东）印度茶业。

福钧在园艺协会的期刊上记述了他最重要的月季发现："在5月一个晴朗的早晨，我走入一座花园，一片完全覆盖了远处墙壁的黄色花朵吸引了我的注意；颜色并非普通的黄，而是一种浅黄色，这使得这些花看起来引人注目、不同寻常。我立即跑了过去，令我惊讶和高兴的是，我发现了最美丽的新型黄色攀援月季。我后来了解到，这种月季来自中国首都较北部的地区，并且在欧洲也会有完美的耐寒表现。"这种月季在奇西克一种活，期刊便进行了报道：

'幸运双黄'月季：由福钧先生在归国途中从中国带回。

这是一种蔓生植物，带着法国野蔷薇的性子，但它凋落的叶片更为好看。深绿色的茎干密布多数具钩的短皮刺，无硬毛被。小叶约3对，光滑，叶面为亮绿色，叶背蓝灰色。花的大小和常见的月季花相当，半重瓣、单生、纯浅黄色，

缀有紫纹。它的花瓣松散，整个看上去像是略经驯化的野花。灌木状的看似月季花和一些蔓性蔷薇的杂交——比如我们欧洲的法国野蔷薇。但是后者在亚洲并不为人所知，我们眼前的这种植物一定有其他考究未果的起源。

　　就其目前的状态来看，这种植物很难引起英国人的注意；但它可能是一个上好的种源，并且在比我们这里暖和的气候里，它会长得更好。福钧先生对它在中国呈现出的美丽赞不绝口，据说在那里能开很多黄色的花朵；而在英国，它的木质茎极容易死于霜冻，肯定比不上茶香月季耐寒。

福钧带回英国的月季不止一种。其中还有一种黄色的月季，是木香花的杂交种。1851 年，林德利在帕克斯顿的《花园》一书中将其命名为大"花白木香"；不巧的是，他在第 3 卷（1853）中又把相同的名字赋予了'幸运双黄'月季，这种混乱持续了数十年。大花白木香也被称为'中国姑娘'和'带刺木香'。弗朗索瓦·埃兰克在 1851 年对此进行了描述："对于花卉栽培来说这种新品种是一种喜悦的收获。它的优势是在植株很小的时候就可以绽放大量的巨大花朵，且极易催花。我们在雅曼先生那里看到了几号至少有 50 厘米高的标本，我们数了一下，上面有 15～20 朵完全发育的花朵。"这种月季最惹人嫌的地方是它们的刺。罗丝·金斯利后来说："修剪月季和使用不上手的修枝剪一样糟糕，在所有蔷薇族的植物中，它那小鱼钩般的皮刺最为扎人。"

　　由福钧带回的月季引发的命名混乱不仅这一例。19 世纪 70 年代，位于埃塞克斯郡布伦特里附近的格莱岑伍德苗圃的刘易斯·史蒂芬·伍德索普推出了一款名为'格莱岑伍德之美'的月季，皇家园艺学会的花卉委员会 1877 年宣布它为'幸运双黄'月季的异名。媒体上的骚动接踵而至，因为插图上显示，伍德索普的月季有条纹，而'幸运双黄'月季没有。伍德索普写道："我只能说，它开花时确实有明显的条纹。"据透露，切森特的乔治·保罗甚至在没有任何插图发表以前便已厘清了这两种月季的本体。最终，法国种植者热尔曼·圣-皮埃尔进行了试验："有人说它的花是黄色的，伴有红色条纹；反对者则坚持

认为它是黄色的，没有条纹。我好奇是什么原因致使能干的月季种植者们出现这样的意见分歧，我通过 4 个不同的来源得到这种有趣的月季……并把它们种在我位于圣皮埃尔-德西尔瓦贝勒（瓦尔省耶尔市）的园子里，精心养护。每个人都说对了一部分……黄花红纹？它们存在于外花瓣下表面，但更像斑点而不是条纹。"

　　福钧还把一种银莲花状的月季寄回了英国，他对此寄予厚望：

　　此时，我在一座花园中发现了另一种月季，中国人称之为'五色'；它和英国人所说的中国月季同属一类，但它来自一种奇特又美丽的芽变。它有时会开单色花——红色或纯白色，并且经常在一棵植株上同时开两种颜色的花——而其他时候，花朵会带有上述提到的色纹。它一定也和我们常见的月季花一样耐寒。

　　这是不是一种类似于'约克与兰开斯特'蔷薇的变异种呢？这种月季的信息很少，大概是因为它没能很好地适应英国的环境。

上图：大花白木香（金樱子 × 木香花）。阿尔弗雷德·帕森斯为埃伦·威尔莫特的《蔷薇属志》（1914）所绘的原图。

对页：罗伯特·福钧 1843—1846 年皇家园艺学会远航中国之旅中的指示页；摘自 1842—1843 年的中国委员会会议记录。

you to obtain such a Spot without expense, in consideration of your stocking it with such European seeds & plants as you may take out with you

It is needless to particularize at much length the plants for which you must enquire — It is however desirable to draw your attention to —

1. The Peaches of Pekin, cultivated in the Emperor's Garden of   & weighing 2 lbs.

2. The Plants that yield Tea of different qualities

3. The circumstances under which the Enkianthi grow at Hong Kong, where they are found wild in the Mountains

4. The Double Yellow Roses, of which two sorts are said to occur in Chinese Gardens exclusive of the Banksian —

5. The Plant which furnishes Rice Paper

6. The Varieties of Nelumbium

7. Pæonies with blue flowers, the existence of which is however doubtful

8. The fingered Citron, called Haong Yune or the Fuh-Show, and other curious varieties of the Genus Citrus.

9. The Nepenthes, which are different from those in cultivation

10. Camellias with Yellow flowers, if such exist.

11. The true Mandarin Orange called Song-pee-leen

119

Pl.79. Rose La France (Hybride de Thé).

Famille des Rosacées.

杂交茶香月季　第一部分

—— 探本溯源和出类拔萃

玫瑰园丁彼得·哈克尼斯曾打趣说："茶香月季在品相一般的植株上开花，惊艳至极；而杂交长春月季在健壮茁实的植株上开花却俗不可耐。"

在1850年至1875年，人们开始尝试将二者的最佳品质糅合在一起，并取得了令人瞩目的成果。1867年，里昂的吉约父子育出了一款月季，但是首次推出就被泼了一盆冷水：

在它（指'法兰西'月季）投入市场以前，我带着它和其他几株实生月季一起参加1867年的巴黎万国博览会。这株参展月季的14朵花经过测量，直径都达14～15厘米。很可惜，评审团比会期预定的时间晚到了两天；我的月季已经褪色，残破不堪，评审团无法给它们颁奖，只是补偿性地给我的展品发了一块铜质奖牌。

不过，更好的补偿还在后头：有人为了找到最适合赋予法国之名的新品种月季，举办了一次比赛，吉约的作品获奖了，因而得名'法兰西'。他认为自己的月季属于杂交长春月季，评审团则认为它可能是一种新类群，只是他们的猜想要得到广泛认可还需要时间。

实践证明，'法兰西'难以成功参与育种，究其原因发现它是三倍体①。吉约本人也辨认不出自家品种的亲本。19世纪70年代，英格兰威尔特郡斯泰普尔福德的亨利·本内特进行了最为重要的茶香月季与杂交长春月季的杂交工作。1879年，他展出了首批纯种杂交茶香月季，其中包括'康诺特公爵'（他持续培育出了和它一样成功且长盛不衰的品种，比如'玛丽·菲茨威廉夫人''格雷斯·达令'以及'女王陛下'。）里昂园艺学会把它们称为"杂交茶香月季"，位

于贝尔法斯特的迪克森斯公司也在1884年的商品目录中采用了这种叫法。但直到1893年，英国皇家玫瑰学会才接受杂交茶香月季为一品种群。这种延误的结果是，大多数早期以杂交长春月季之名投放市场的杂交茶香月季品种，随后被重新划回杂交茶香月季品种。一个典型的例子是1873年推出的'克里斯蒂船长'，它由'维克多·韦迪耶夫人'月季和'橘黄'月季杂交而成。它的名字是由当年里昂展览会的评委乔治·保罗提议的，以纪念英国玫瑰学会的一位创始人；数年来，它都被视为杂交长春月季。

尽管如此，这些新月季的独特品质很快就得到了认可。T. H.古尔德后来回忆道："直到19世纪60年代，许多真正优秀的月季才开始出现在我们面前……19世纪70年代无疑是热情高涨期。"杂交茶香月季（或简称H.T.）和早期的茶香月季不同的地方首先在于花期的延长（"直到杂交茶香月季出现，才有了真正意义上秋天开花的品种"——约瑟夫·彭伯顿语）；其次是它的长势更为强健，花朵挺立而非下垂（尽管H. H.东布雷恩对'法兰西'月季的最初评价是"它拥有茶香月季的一个特点，即花朵有垂头的倾向，这稍微有损其优点；并非每朵花都是如此"）；最后是更为显著的高花心。花色从白、粉红变化到红色；在早期子代中几乎没有浓色的黄花型。评论家们调侃说，在某种程度上，用完美的开花性作为杂交茶香月季的卖点，让人忽略了它的香味和抗病性。（但请留意L. A.怀亚特在寻找和收集旧品种多年后给出的以下评论："有两种流行的误解其实可以立即消除。并没有'茶花状'和'茶香'之类的东西"；这些特征在茶香月季以及其他任意品种群里都各不相同。）

---

① 含有三组染色体的细胞或生物。——译者注

在亨利·本内特培育的所有早期品种中，1882年推出的'玛丽·菲茨威廉夫人'月季尤为重要。据统计，第4版《现代月季》（1952）中所有写明亲本的品种里，有1/3都是它的后代。

杂交茶香月季一经被确认为品种群，便成了试验者和杂交学家们的主阵地。T.S. 阿利森在1912年写道："大量前所未有的月季花型向我们涌来，数量逐年递增，这种情况既叫人尴尬又让人充满希望。"早期的月季种类逐渐消失不见了。20世纪20年代，乔治·M. 泰勒提出了以下看法：

19世纪70年代或80年代，月季种植曾一度停滞。只有寥寥几人种植，且他们大多是神职人员。月季实际上赢得了"牧师之花"的称号。……当尊敬的迪恩·霍尔出版有关月季的书籍时，他却没有提到杂交茶香月季。在他种植月季的早期，还有第一次英国月季展览举办的时候，杂交长春月季才是备受追捧的。

相反，他接着说："说实话，真正的杂交茶香月季是一种伟大的创造。它让月季从名副其实的'失望泥沼'[1]中成长起来；它在小地方造出了美景，我们今天才能在本国最小的花园里找到它；它的可爱唤起了人们对月季的兴趣，而如今鲜花的巨大人气几乎完全建立在月季上。"

---

[1] "失望泥沼"，出自约翰·班扬（John Bunyan, 1628—1688）的《天路历程》一书。——编者注

左下：'纳塔莉·伯特纳'月季。摘自1912年的《玫瑰期刊》的彩色石版画。

右下：'克里斯蒂船长'月季。摘自1878年的《玫瑰期刊》的彩色石版画。

对页：'玛丽·菲茨威廉夫人'月季。摘自1910年的《玫瑰期刊》的彩色石版画。

NATALIE BÖTTNER
(HYBRIDE DE THÉ)

Gustave Regis. 1 Pernet-Ducher 1891.

Qme. Caroline Testout. 1 Pernet-Ducher 1891.

杂交茶香月季　第二部分
——20世纪的市场主导者

20世纪前25年，杂交茶香月季开始占据月季的世界市场。早期类群——诺伊塞特月季、茶香月季、杂交长春月季等——数量均有所下降。

新品种获得的奖牌数量减少，杂交学家们用它们来育种的数量降低，苗圃清单中分配给它们的页数也不多。幸好月季是多年生植物，如果主人懒得把它们挖掉、种上新品种的话，它们仍能存活。(相比之下，维多利亚时期的一年生、每年需要重新播种的花坛植物基本消失了。)

佩尔内-迪谢开设在里昂的公司是世界上杂交茶香月季的主要生产商之一。1890年，该公司育出了可能是最畅销的月季品种之一，由'塔尔塔斯夫人'和'玛丽·菲茨威廉夫人'杂交而成。20世纪初，'卡洛琳·特斯特奥特夫人'被誉为世界上最受欢迎的月季；它和美国俄勒冈州波特兰市的关系尤为密切，当地曾一度广泛种植这种月季，用于美化市容。同时，它还具有寿命长的优点。1928年，股票经纪人、月季种植者查尔斯·H. 里格称赞它为"玫瑰园的奴隶"：

> 这件事情并不常见：如果一位专业的月季种植者被一名业余爱好者问到要是只能在自己的园子里栽一种月季，它会是哪一种呢？这是一个耐人寻味的问题，直到最近它才有了答案，大部分人都选——'卡洛琳·特斯特奥特夫人'。专业的月季种植者可不希望拿自己的名声做赌注，他知道'卡洛琳·特斯特奥特夫人'即使可能不是最佳的品种，也几乎能在任何条件下都有出色表现，并开出大量花朵，为整个花季添上宜人的色彩。

(按照里格的预计，'卡洛琳·特斯特奥特夫人'的接班品种是1921年推出的'亨利·鲍尔斯夫人'，不过在线民意测验显示老品种获得的分数更高。)

一些美国企业，比如科纳德-派尔公司和希尔公司都借着杂交茶香月季提升了自己的国际知名度。其中希尔公司的一个品种，1904年推出的'西奥多·罗斯福夫人'很快便在英国一炮而红。用福斯特-梅利亚尔的话说，这反映了英国人对美国人一贯的态度：

> 这无疑是我们从美国得到的最好的观赏月季，它姿态优雅、花型出挑。它的花朵总是干净利落、品相俊俏，花瓣层叠而不凸尖。切花持久，无可挑剔。它因其极佳的花朵获得了许多银奖，加之长势迅速，强烈推荐给小型的参展商使用。

和其他种类的杂交月季一样，"杂交茶香月季"的概念不久就开始模糊。到了20世纪，它变成了日常谈资，就像此处引述乔治·M. 泰勒在1926年说的一样：

> 我们所谓的杂交茶香月季太多了。我之所以这样说，是因为这一类群早已不再是真正的茶香月季和杂交长春月季之间的杂交了，反之亦然。如今，我们给这一类群注入了月季花、玫瑰、异味蔷薇、重瓣异味蔷薇、多花蔷薇的血液。'法兰西'月季出现后，人们肯定培育出了成千上万的杂交茶香月季，过去的10年更是如此……种植者们实际上病得不轻。

早在1895年，H. H. 东布雷恩就提议把杂交长春月季和杂交茶香月季并为一类。然而25年之后，

Rosenzeitung 1906.

Organ des Vereins deutscher Rosenfreunde.

L. Schmid-Michel.

Mrs. Theodore Roosevelt.
Theehybr. L. G. Hill.

WILLIAM SHEAN　　　CANDEUR LYONNAISE　　　GORGEOUS ·　　　DEAN HOLE
MRS. CORNWALLIS WEST　WILLIAM SHEAN　　　MRS. FOLEY HOBBS　MRS. JOSEPH H. WELCH·
GORGEOUS　　　　　VICTOR TESCHENDORFF　EDGAR M. BURNETT　MRS. FOLEY HOBBS

对页：'西奥多·罗斯福夫人'月季。依据莱娜·施密特-米歇尔的画作刻出的彩色石版画，摘自《玫瑰报》(1906)。

上图：月季花的"精品展"，摘自 1925—1926 年弗兰克·坎特公司的目录（"月季家园"）。

H.W. 伊斯利提议归并所有带月季花血统的品种，冠以"观赏长春月季"一名。从弗兰克·坎特公司 1925—1926 年的商品目录插图可以看出杂交茶香月季的色系是如何增加的，有一部分是因为概念的拓宽以及吸收了一些曾经独立的类群。

事实上，人们判断，杂交茶香月季的损耗进程和它的前辈们是一样的。早在 1917 年，乔治·伯奇就 19 世纪各个品种的命运发出了骇人的警告：

情况可能会持续表明，不仅杂交长春月季会有肉眼可见的下降趋势，对于一些早期的杂交茶香月季而言，这样的衰落早已循序渐进。人们很容易列举出曾经高居榜首的品种，有的获得了全国月季协会的金牌，现在却很少见了，比如'玛丽·菲茨威廉夫人''福克斯通子爵夫人''卡诺总统的纪念品''卡利登伯爵夫人''莉塔侯爵夫人''约翰·拉斯金''伊迪丝·东布雷恩'等。

（他的担心为时尚早：如今只有'卡利登伯爵夫人'和'伊迪丝·东布雷恩'无法买到，而'玛丽·菲茨威廉夫人'和'福克斯通子爵夫人'在玫瑰园网站上还定期入围最受欢迎的品种。）人们曾担心杂交茶香月季的市场份额会下降，20 世纪中叶，这种担心被打消了，因为位于昂蒂布的玫昂苗圃育出了可能是 20 世纪最为知名的杂交茶香月季。

弗朗西斯·玫昂那会儿正在进行各种杂交茶香月季的杂交试验。在这种情况下，他用了'玛格丽特·麦格雷迪'和一株未名幼苗做亲本，而这株幼苗本身是'乔治·迪克森''克劳迪乌斯·佩尔内的纪念品''乔安娜·希尔'和'查尔斯·基勒姆'等品种间的第二杂交子代。该杂交于 1935 年完成，第二年，月季开花，同时被命名为'玫昂夫人'。玫昂苗圃与科纳德-派尔公司长期合作，在美国销售月季。1939 年战争前夕，这些新月季的茎干被送到了科纳德-派尔公司。他们将其重新命名为'和平'月季，在 1945 年柏林沦陷之日正式推出。在联合国成立初期的一次会议上，每位代表都获赠了一枝'和平'月季，以确保该月季取得国际性成功。这是一种绝妙的营销手法。热情洋溢的共产主义者、出于良心拒服兵役的哈利·惠特克罗夫特把它引入英国，他对这种月季的名字的内涵满腔热忱。

'和平'月季把世界各地的奖牌尽收囊中，并在上半世纪卖出超 1 亿株。它被广泛用于育种，成为至少 132 个品种的花粉亲本和至少 157 个品种的种子亲本。此外，它产生的 19 种芽变曾被当作独立品种进行销售。

MARÉCHAL NIEL.

'尼埃尔将军'

——19世纪最受欢迎的月季

几乎可以肯定的是，'尼埃尔将军'是19世纪最成功的月季。与其他月季相比，它的销售量更多，销售时间最长，在媒体专栏中所占的版面最宽。

但是人们对它的起源莫衷一是。几十年来，人们对于它是如何培育出来的有不同的看法，关于它的亲本也是众说纷纭。它是不是脱胎自'浅铬黄'月季或'伊莎贝拉·格雷'月季（如今大家似乎更同意后者）？这是一种诺伊塞特月季，还是其他类群（到19世纪末以前，人们都普遍认为它属于诺伊塞特月季）？第一个培育它的人，是韦迪耶、普拉德尔还是一名（或两名）住在蒙托邦的种植者呢？带它参加1864年巴黎展的人的确是欧仁·韦迪耶，当时法国中央园艺学会（Société Centrale d'Horticulture）的人还授予了它一等证书，不过，大量证据表明欧仁的苗木是从普拉德尔那里得来的。唯一没有争议的一点是，它的名字源于阿道夫·尼埃尔，他随后被任命为法国陆军部长。

它很快变得供不应求。早年间，许多奸商用'尼埃尔将军'一名推售了很多长相相似的黄花品种，致使疑云变得更多。1865年，伟大的月季种植家威廉·保罗报道一些所谓的'尼埃尔将军'实际上是美国的月季品种'简·哈迪'（这不是你在现代文学中看到的修辞手法）：

举个例子，我发现开花的'简'身上别着将军的勋章。现在，'简'，我不想太苛责你，但这有点过火了。你硬要我说，将军礼貌性地给了我他在英国种出来的第一枝花，我没法让高攀不起他的冒牌货叫他名誉扫地，即使是暂时的也不行。你的眉眼和他很像，但是他的双眼比你深邃许多，尽管他是个战士，却不比你粗鲁，也不像你一样大腹便便。从你的行为举止中可以推测出你

的外表多少有些矫揉造作；而他富有气概，强壮挺拔。你更像'伊莎贝拉·格雷'，而他更像'浅铬黄'。'简'啊！你这次的冒险行动表现得很差劲。你雄心勃勃，想成为伟人，但荣耀之路并不适合你。退出吧，退出吧。你很漂亮，也该知足了。

花的大小和数量、突破性的黄色和香味使'尼埃尔将军'月季即刻大受欢迎；英格兰1867年的严冬认证了它的耐寒性。1864年，《园丁纪事》的一位月季评论员在巴黎第一次看到这种月季，给出了"野路子月季"的评价，他后来因为预言了'尼埃尔将军'的成功而春风得意："它的花量比其他任何一款月季品种都多。我经常讲述我在巴黎看到它的故事，那时它还不为人所知，而我也曾预言它会有良好的前景，如今它确已大获成功。"不久之后，它被用作评判其他月季的标准。亚历山大·迪恩写道："我们想要白色型的'尼埃尔将军'，或者至少和它差不多的。在我们众多的杂交茶香月季中，难道就没有一款纯白色的品种可以和它平分秋色吗？"（1895年，德国月季种植家弗朗茨·德根育出了白色的'尼埃尔将军'，却从不如原版那么受欢迎。）

到了20世纪20年代，沃尔特·P.赖特自信地断称："1864年推出的优秀品种'尼埃尔将军'从未被替代。在藤本月季中，没有谁能比得上它丰富的金黄色泽、美丽的株型、绽放的花朵和浓烈的香味。它具有在凉爽的温室中早开花的优点，且新生的速度极快。如果有肥沃的土壤，开花后切枝，马上接到砧木上也可以立即挂蕾，这样就能在第二年夏天和初秋开花时

收获大量苗木。"销量超过它的品种到了20世纪40年代才出现，那就是'和平'月季。

'尼埃尔将军'作为一种藤本月季，并不顺应19世纪末的一些潮流。1889年，一位月季种植家写道："'尼埃尔将军'不太适合作为花坛植物，因为它们的花球下垂，一副黄水仙的样子。"他也在《园丁纪事》中给出了"野路子月季"的评价，"露天种植时，'尼埃尔将军'最好单独种植，最适合种在温室的房顶，这样一来，人们就能在地面看到它美丽的金杯状花朵"。作为温室月季品种，"一战"之前它都保持着崇高的地位。在那之后它便转战温室，而非销声匿迹。它在花园的庇护下继续生长，并且是筑棚搭架、建造爱德华时期备受青睐的玫瑰亭的理想之选。甚至不从事园艺的人也知道它的大名，奥斯卡·王尔德的《不可儿戏》就是证据。

剧本的第二幕就设置在"一个种满月季的老式花园中"。

亚吉能　……我可以先插一朵襟花吗？我每次要胃口好，得先别一朵襟花。

西西丽　那就插一朵红玫瑰[①] 好吗？（拿起剪刀）

亚吉能　不用了，我比较喜欢粉红色的。

西西丽　为什么呢？（剪下一朵花）

亚吉能　因为你就像一朵粉红的玫瑰，西西丽表妹。

西西丽　我觉得你不该对我讲这些话。[②]

---

① 余光中译文中为"红玫瑰"，正确译法为"尼埃尔将军黄蔷薇"。——编者注

② ［英］王尔德. 王尔德喜剧：对话·悬念·节奏［M］. 余光中，译. 南京：江苏凤凰文艺出版社，2017.——编者注

TREILLAGE TEMPLES.

A TREILLAGE ROSE TEMPLE WITH LEAD FIGURES ON TOP, AT GODSTONE PARK, SURREY.

ROSE (THÉ) MARÉCHAL NIEL.
Semis_France (Plein_air).

Floral Emblems

Youth and Beauty united by the Bonds of Love.

Published by Saunders & Otley, 50. Conduit Str 1825

玫瑰花的花语 第一部分

——情人们的暗语及其语义变化

19 世纪初，一种有趣的室内游戏兴起，并最终发展成为一种文化符号——"花语"。

对页："青春和美在爱的纽带下汇合"（蔷薇、忍冬和毛地黄）。摘自亨利·菲利普斯的《花卉纹章》（1825）的手工上色石版画。

右下：蔷薇的细节图。皮埃尔-让-弗朗索瓦·蒂尔潘和皮埃尔-安托万·普瓦雷绘，摘自 B. 德拉舍纳耶的《花卉识字读本》（1811）。

这个游戏最初的玩法几乎无迹可寻了，1811 年，它以一种清奇的形式出现在 B. 德拉舍纳耶的《花卉识字读本》一书中。不到 10 年，"夏洛特·德拉图尔"在《花语》一书中融入了一些前者的解释，这本书被翻译成不同语言，传播到其他国家。著名园艺学家亨利·菲利普斯写出了第一本英文版小册子《花卉纹章》（1825）。到 1840 年，花语在欧洲已成为一个众所周知的概念，但在不同地域存在许多差异。例如在英格兰，亨利·菲利普斯采用了拉图尔的几种说法，但也欣然地做出了改动和创新。

他们的想法是赋予花朵特定的含义，以便用胸花、小捧花和花束传递信息。举几个德拉舍纳耶、拉图尔和菲利普斯的解释都一样的例子：香叶蔷薇代表

"诗意"，麝香蔷薇意味着"随性或随性美"，以及异味蔷薇象征"不忠"。德拉舍纳耶和菲利普斯都认同干枯的白蔷薇应该是"死亡胜于失去纯真"的意思；拉图尔不知怎的，把它给漏掉了。由拉图尔创造、菲利普斯保留的花语有：白色的蔷薇花蕾表示"不了解爱的心"，'绒球'月季代表"绅士风度"，苔藓蔷薇象征"撩人的爱"，百叶蔷薇意味着"优雅"，而蔷薇花环则表示"投桃报李"。另外，拉图尔赋予突厥蔷薇的花语是"不老之美"，菲利普斯则把它给了中国的月季花。菲利普斯创造的花语有：全盛的香叶蔷薇代表"纯朴"，突厥蔷薇代表"精神饱满或容光焕发"，野蔷薇代表"美丽是你唯一的吸引力"。不过要注意的是，野蔷薇的英文名"Japan rose"也可以指山茶花。

许多起源于中世纪或东方的花语就像现代的电视商业广告一样，总有些出入。一个比较流行的说法和一个土耳其后宫有关，据说这是一个曾经用来幽会的地方。玛丽·沃特利·蒙塔古女士在1763年公开的信件中表示确实有这么一套在使用中的语言系统。但她明确表示，这套助记系统也包含除花卉外的各类事物，它们没有附加含义，只是用押韵的方式和诗歌中的某一行暗合。如果一位土耳其姑娘收到了玫瑰花（土耳其文写作 gul），暗示的是 "ben aglarum sen gul"，意思是 "愿你快乐，所有的悲伤归我"。夏洛特·德拉图尔讲过一个动人的故事，描述了后宫中的人们如何使用所谓的花语：

> 花语和这个世界一样古老，但却永不会过时，因为它的字符每到春天都会更新。即便如此，我们随意的举止还是让它们沦落成了宫中的玩物。美丽的宫女常用它来报复凌辱、侮弄她们姿色的暴君：一把看似不经意洒下的铃兰能让年轻的奴仆意识到，他心爱的女眷厌倦了暴虐的爱情，渴望一段真实而纯粹的感情。如果奴仆回赠一朵蔷薇，就好像是告诉她保持理性胜于策反；倘若是一枝花心黑色、花瓣如火的郁金香，就会使她确信自己得到了理解和答复。这种巧妙的通信方式永远不会出卖或揭露秘密，却给平常充斥着倦怠和无聊的伤心地注入了生命力、活力和乐趣。

很快，土耳其文化专家指出，土耳其人不用花语。但学术上的警醒几乎影响不了潮流，如今，还有一些评论家会给出所谓源自土耳其的花语。

一些源自法国的花语如果不做出某些订正，在英语世界里是不会被接受的。当它们暗含的意思有悖于某种传统（比如莎士比亚）、宗教信仰（比如西番莲倾向于表示迷信，而不是信仰）时，英国和美国的文选编者们会对其进行改动；也有可能是假正经（为了淡化过于奔放的暗示，人们把晚香玉的花语从"风骚撩人"改成了"我见过一个可爱的姑娘"）。

花语的流行使青少年的监护人将其用作一种教育手段。1861年，古姆利豪斯修道院学校发行《天主教花语》一书，给出了大部分花卉的全新含义，供修女

和初学者们使用。书中附有给尼古拉斯·怀斯曼的献辞，他是自玛丽皇后掌权以来，英格兰的第一位红衣主教。书中有10处和蔷薇相关的词条（它们往往只写了"蔷薇"二字，没有给出不同品种间的区别）。按本书，蔷薇代表"耶稣神圣的心"，粉红色的蔷薇代表"圣母玛丽神圣的心"，蔷薇的植株代表"虚荣享乐"，香叶蔷薇代表"诱惑"，突厥蔷薇代表"善行"，犬蔷薇代表"天真无邪"，苔藓蔷薇代表"圣洁"，苔藓蔷薇的花蕾象征"圣母玛丽的子嗣"，红蔷薇代表"英格兰"，还有，白蔷薇代表"神圣之死"。修道女校的女孩儿们可能没有互赠花束，只是借植物进行冥想。

上图："蔷薇、常春藤和香桃木"。依据庞克拉塞·贝萨的绘画刻出，摘自"夏洛特·德拉图尔"（路易丝·科唐贝尔）的《花语》一书（1819）。

对页："慵懒、风骚和性感……"摘自亨利·菲利普斯的《花卉纹章》（1825）中的手工上色石版画。

Floral Emblems

Idleness, Voluptuousness and Sensuality, encompassed by
Poverty, Infidelity, Crime, Vice, Sickness and Death

Published by Saunders & Otley, 50 Conduit St. 1825

玫瑰花的花语　第二部分

—— 复杂又迷惑的暗语

1847年，有着"诗意的简约主义者"之称的小诗人托马斯·米勒出版了《诗意的花语》一书。在书中，他对花语的形象进行了全面的重新思考，用自己的话取代了法语的表述。

当说到蔷薇时，米勒添加了许多种类。'少女的羞报'蔷薇代表羞怯，苔藓蔷薇的花蕾代表爱的表白，无花的枝条代表分手。他的一处订正无疑是有道理的。拉图尔和菲利普斯赋予蔷薇的含义都是"美"，然后给不同的种类补充含义。米勒把这层意思给了"满开的蔷薇"，这样一来，至少可以减少植物清单上的混乱。然而米勒的书独木难支，反响平平，没有遏制住法国来源的花语浪潮。

美国第一本有关花语的著作，即H.伯恩于1833年在波士顿出版的《花之诗》，也一样古怪。伯恩甚至自创了专属于他的花语，百叶蔷薇代表"灵魂的尊严"，苔藓蔷薇代表"高尚的品德"，"普罗万玫瑰"则象征"青春、爱和美"。

到了19世纪60年代，花语已经成为一种公认的传统。1869年，约翰·英格拉姆出版《花语志》一书，并开创了综合性的新趋势。英格拉姆及其继任者汇集了早期作品中可以找到的所有花语，并为最近上市的植物添加了新的含义。很多时候，维多利亚晚期的花语编纂者都没有意识到他们数次用了多个不同的名字代指同一种植物，大大增加了混淆的可能性。举个例子：英格拉姆不小心在毛剪秋罗的俗名"Rose campion"中间撤了一个逗号，实际上把它变成了"Campion rose"——这会不会让人认为有一种名为"剪秋罗"的蔷薇呢？

英格拉姆赋予蔷薇的含义是"爱"，方便读者把它和后面的种类区分开来。他用香叶蔷薇代两个意思："诗意"和"我为治愈而受伤"，却没有说明他是怎样得出其含义的。百叶蔷薇可以代表"爱的大使"

或者"优雅"，这取决于它是以英文名出现，还是以拉丁名出现。

这里有一些19世纪末的花语集锦：香叶蔷薇代表"你是最可爱的人"；'勃艮第'蔷薇代表"无意之美"；卡洛琳蔷薇（可能是卡罗莱纳蔷薇）代表"爱是危险的"；犬蔷薇代表"痛与快乐"；满开的异味蔷薇代表"爱意减少"；'少女的羞报'蔷薇代表"你如果爱我，你就会找到我"；深红色的蔷薇代表"羞愧之心"；无刺的蔷薇（可能是指法兰克福蔷薇）代表"早恋"；'独特'蔷薇代表"不要说我美"；白蔷薇代表"我配得上你"；'约克与兰开斯特'蔷薇代表"战争"。

拥有特定含义的不仅仅是不同的物种或品种。蔷薇的叶子代表"我从不重要"或"你可能希望……"，枯萎的白蔷薇代表"短暂的印象"，成簇的麝香蔷薇代表"魅力"，叶丛中的蔷薇花蕾代表"一个好的爱人会给你一切"（其中一条肯定填补了一大空白）。到19世纪中叶，有一套已发表的细则表明，植物的位置和手势的使用可以改变其日常含义。这里有一张摘自19世纪80年代一本美国图书的细微差别清单：

如果收到一朵反常态的花，那就意味着和它的本义矛盾，即暗含了相反的意思。

除去了刺，但保留叶子的蔷薇花蕾传达的是"我不再害怕，我有所期待"的情感。刺象征着恐惧，而叶子象征希望。

除去了刺和叶子的花蕾则表示："我无所畏惧，也无所期待。"

摆放位置不同的花也会传达不同的意思。簪在头上的万寿菊象征着"内心苦闷"，别在胸前则表示"漠不关心"。

送花时如果要突出我，可以把花瓣向右边；如果要说您，就瓣向左边。

用花轻触嘴唇表示"好的"。

掐下花瓣扔到一边表示"不行"。

将月桂叶缠绕在花束周围表示"我是……"。

把常春藤的叶子折叠起来表示"我有……"。

五叶地锦的叶子代表"我给你……"。

花束里的欧芹枝表示"取胜"。

围绕着花束的常春藤卷须表示"行吧"或"我渴望……"。

人们有郑重其事地看待这一切吗？不同的书籍很可能会出现矛盾的说法，以至于人们觉得，这都成为维多利亚式小说的陈腔滥调了。到20世纪初，关于花语的书潮逐步消失，但明信片和装饰卡仍让这一传统细水长流。20世纪末，它有所复苏，成为维多利亚时代的娱乐戏码。到了21世纪，又再次成为插花和花卉栽培的中流砥柱——和以前的传统保持一致，又有细微差别。浏览现代网站，你会发现，白色的月季代表"贞洁无暇"，红色的代表"爱的宣言"，黄色的代表"不忠与嫉妒"，粉红色的代表"精致和优雅"。'约克与兰开斯特'蔷薇不再代表"战争"，而是变成了"团结与和解"。还有19世纪的人们看不到的淡紫色月季——代表"神秘"。

PROVINS ROSE.

BURGUNDY ROSE, PROVINCE ROSE, ROSA BURGUNDIACA, ROSA PROVINCIALIS.

CLASS, Icosandria, from *eikosi*, twenty, *aner*, stamen.   ORDER, Polygynia, from *polus*, many, *gune*, pistil.

Because these flowers have *Twenty or more Stamens* inserted on the receptacle, and *Twenty or more Pistils*, and consequently are of the *Twelfth Class* and *Third Order* of Linnæus.

Rosa rubiginosa,	Sweet-briar Rose.
" *multiflora*,	Japan Rose.
" *spinosissima*,	Scotch Rose.
" *burgundiaca*,	Burgundy Rose.

There are about 50 Species, and more than 1400 different varieties, of the Rose, found growing in some of the gardens in Europe.

THE EMBLEM OF YOUTH, LOVE, AND BEAUTY.

Oh ! trust the mind,
To grief so long, so silently resigned.
Let the light spirit, ne'er by sorrow taught,
The pure and lofty constancy of thought,
Its fleeting trials eager to forget,
Rise with elastic power o'er each regret !
Fostered in tears our young affections grew,
And I have learned to suffer and be true.
Deem not my love a frail, ephemeral flower,
Nursed by soft sunshine and the balmy shower ;
No, 'tis the child of tempests, and defies
And meets, unchanged, the anger of the skies.   *Wilson.*
In velvet lips the bashful ROSE began,
To show and catch the kisses of the sun ;
Some fuller blown, their crimson honours shed,
Sweet smell the chives that grace their head.   *Fawkes.*

后期的玫瑰园

—— 设计理念的深入发展

19世纪70年代，萨福克郡哈德威克庄园的首席园丁D.T.菲什建造了一个花园，他用一系列拱弧在中央喷泉周围围成圈。

"花园的一部分用高大的轻质铁拱围起来，中央喷泉周围也是如此。在铁拱上种上藤本月季，这样一来，空气中就会充满浓郁的香味。异常巨大的花坛坐落在草坪上。"和早期的玫瑰园不同的是，月季只种在铁拱上，而花坛中种满了其他园艺植物。花园的外形和几何设计代表着年轻一代破旧立新的思想，但在植物的选择上又表明了这一代人的主旋律。

19世纪70年代出现过一次反对前人几何式花园设计的运动，但是雷声大雨点小。就玫瑰园而言，第一步要做的是将树状月季拉下神坛，劳登建议把它种在行道两旁；50年后，首屈一指的园艺报刊编辑又反对这种用法。19世纪80年代，雪莉·希伯德持保留意见："树状月季可以给花园营造出繁花似锦、引人入胜的气氛……但总的来说，它们最擅长把花园弄得一片狼藉，因为草坪和花坛边到处都是拖把头一样的东西，看着像是被流放等死的罪犯一样。"30年后，H.H.托马斯继续表达了对这种坚持拒绝消失的潮流的愤怒：

在花园小路两旁种上树状月季一直是，而且可能永远都是一种潮流（园艺工作者们就是这么保守）。如果小路拥有优美的弧度，这样的布置并不碍事，不过在我看来，在羊肠小路上夹道种植树状月季，既不能彰显小道和月季的优点，也不能突出园子的优点。我十分不解这是为什么，也许对于一个之前从没接触过园艺的人来说，这样做并不奇怪。但这种做法俗气、老套，全无新意。

从概念上讲，下一步是要推翻玫瑰园的几何式设计。周刊杂志《花园》的编辑威廉·罗宾逊是主力战将，他极大地影响了20世纪的园艺。尽管到了21世纪，他才真正变成人们后来所说的"罗宾逊主义者"。在1883年的第一版《英国花园》中，他是这么说的：

当月季的品种匮乏、又不太好看的时候，人们反对玫瑰园的声音并不大。但这和现代玫瑰园的规划大相径庭，因为很多园子的标准样式都可想而知。例如，我们都很熟悉这样一块平行四边形的地皮：它的面积接近半英亩，右侧和人行道垂直相交，植被都按通用的混植原则种植——在围墙的平行线上交替种植成列的树状月季、半树状月季和矮生月季。这样的排布既没有美感，也没有艺术性。另一个例子，一位现代景观建筑师的设计：园子由草坪上的同心圆组成，外侧围以铁柱构成的篱栏，上面种着修剪成花彩的藤本月季（这可能就是菲什建于哈德威克的花园？）。这比上面提到的直线花坛好得多，但是外观也不自然，不够艺术，这类设计一定都这样。

40年后，《月季年鉴》的一位撰稿人满意地说："维多利亚时代过去后，我们的品味有所提高。玫瑰园不再修建圆弧或框边，而是返璞归真。"不过要注意的是，只有更复杂的几何图形消失了，取而代之的是更简单、更直线条的形式。罗宾逊本人在赫特福德郡的北敏姆斯服务厅修建了一座玫瑰园，用大矩形空

间围住一系列小矩形花坛，在花坛里种满矮生月季。拱门和廊柱并没有消失，还是作为展示藤本月季的一种手段——在 19 世纪后期，棚架也加入到这种展示方式中。

随着野外和林地花园日益流行，玫瑰园进一步发展，杂乱无章的月季也有了用武之地。早在 1885 年，雪莉·希伯德就说过："所有蔷薇属植物都有园艺用途，装饰一座粗糙的假山时，不要鄙视最野生的野蔷薇。"在爱德华时期，格特鲁德·杰基尔就曾建议："至少有一侧毗连树林景观的玫瑰园才是最美的，就算是最规范的园林设计也比不上。要做到这样并不难，首先是要把园子建在林缘处，再把合适的蔷薇种到丛林中。"

完全不按套路出牌的玫瑰园是极其少见的。1873 年，《花园》杂志发表了一个名为"小玫瑰园"的佚名设计，罗宾逊后来在《英国花园》中也有用到它。

> 应在花坛尽头布置大片草坪，以供游客停留，减少园区拥堵。另外那些小片草坪令花坛更

为突出，人们在草坪和步道上都能看到周围的美丽景色。也可以用箭头标识提示人们，无论游客是在园内还是园外，都能窥见一个美丽的角落。……从这个小园到草坪的景色都优美如画，尽管这个地方的占地轮廓狭小、平整而刻板。

附件中值得注意的是，院子的植被由月季和其他植物混合构成，比如用月季搭配观赏禾草、唐菖蒲、百合花以及选定的一年生植物等。

由此，罗宾逊遵循了由他的死对头 D. T. 菲什开创的潮流趋势，即将月季和其他植物混植。在 1883 年版的《英国花园》中，他讨论了"月季的位置"的问题：

> 月季应该长在花园中该长的每个地方。我们不能种太多月季，或者在太多地方种月季。……如今，我们无差别混植夏天和秋天开花的物种和品种；但是，按照分组原则，我们应该将它们分开……尽可能保持原有色彩……因此，应该大力种植鲜艳的'雅克米诺将军'月季及其同类，包

括'第戎的荣耀''约翰·霍珀''法兰西''马美
逊的纪念''维克多·韦迪耶夫人'、苔藓蔷薇，
以及一切数量相对较少，但是表现优秀、花色亮
丽的品种。

这在一定程度上是对劳登的建议的一种认同，即
在不同的花坛中种植不同的月季。不过在1933年版的
书中，罗宾逊更强调不要将月季和花园的其他部分割
裂开来："总而言之，月季应该回到花园——它的真实
位置中，这不仅是为了我们自己，也是为了挽救丑陋
的花园，给花园以花叶带来的芬芳和美丽。"

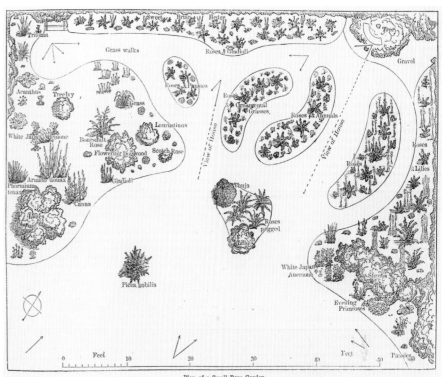

Plan of a Small Rose Garden.

ROSERAIE DE L'HAŸ

Rugosa

拉伊玫瑰园

—— 智慧之园

实际上，法国最著名的玫瑰园根本就不是玫瑰园。园艺爱好者约瑟芬皇后不仅在马尔迈松建造了一座景观花园，还收集了大量的温室植物，委托植物学家艾蒂安·皮埃尔·旺特纳和艾梅·邦普朗出版和她的珍稀植物有关的大型插图图书。

这些书中没有描绘出蔷薇。不过，约瑟芬皇后是著名植物艺术家皮埃尔-约瑟夫·雷杜德的赞助人，后者在她去世后持续出版了 3 卷精美的蔷薇画册——这当中一定是有某种联系的，您认为呢？拿破仑战争结束后，马尔迈松就被抛弃了，但是到了 19 世纪 20 年代，它又被人们记起，被誉为一座宏伟的玫瑰园。珍妮弗·波特表示，能表明约瑟芬特别喜爱蔷薇的证据很少；但是马尔迈松的故事在 19 世纪末期的法国园艺界结出了硕果。

乐蓬马歇百货公司董事朱尔·格拉沃罗是一位成功的商人，他把自己的钱财投入园艺——尤其是月季的种植上。1905 年，巴黎市政当局在巴加泰勒建造玫瑰园时，他捐赠了 1200 朵月季。1904 年，当马尔迈松被翻新为博物馆时，格拉沃罗根据约瑟芬时期的苗圃记录投资了蔷薇品种收藏，并假设约瑟芬皇后种过当时可以买到的全部种类。两人开始平起平坐，都在自己所处的时代建立了蔷薇属已知种类的最全收集。1893 年，他在巴黎南部的拉伊镇买了一幢房子和一座花园。起初，这座花园相当小，但是到了 20 世纪末，格拉沃罗已经入手了 3000 个物种和月季品种。然后，他聘请伟大的景观建筑师爱德华·安德烈为他持续增加的月季藏品建造一座专园：1902 年，他发行了一份目录，列出了 6781 个物种和品种。也是在那一年，科歇-科歇将其培育的月季命名为'拉伊玫瑰园'，并投入市场，这是一款花期延长的亮紫色月季。

格拉沃罗把观赏性的玫瑰园和狭义玫瑰园区分开，阐述了自己的造园构想。"纯观赏性的园子就像一个美丽但是缺乏头脑的女人，她可能一时之间吸睛无数，但不会风光一世。"相反，他坚持认为"玫瑰收集园是爱好者和园丁之间的通力合作，它能使人一下子心服眼服。……参观者会觉得自己被开明的思想所引导，知道如何遴选月季所能提供的一切……"并且，吕西安·科尔佩绍凭借最近出版的《智慧花园》一书，试图重振安德烈·勒·诺特雷作为花园设计师的美誉，他补充说："在我看来，这个园子配得上科尔佩绍先生欣然给勒·诺特雷的园子取的称号，那就是'智慧之园'。"

这个园子给人们提供了以下启发。首先，在两个长长的花坛之间漫步，"一面可以展示蔷薇属植物的起源，野生的蔷薇或许可以按它在地球上出现的时间来展示"，另一面"追溯它们的历史：展示不同文明时代的人们所栽培的蔷薇属植物"。其次，再造一个植物学标本室和蔷薇花的博物馆。法国蔷薇类被分为两部分，一部分是据说在马尔迈松园种过的，另一部分则按不同的类别种在独立的花坛中；此外还给 20 世纪的一些新种类修建了"略为私人的小园子"。这样的玫瑰园是前所未见的，作为玫瑰花界的文化丰碑，尽管历经时间的冲刷以及自 20 世纪开始出现的强大对手，它也从未被超越。1914 年，拉伊镇成功向政府请愿，将名字改为"拉伊莱罗斯"。

1909 年，拉伊玫瑰园就蔷薇属植物的香味发起调查，结果显示只有法国蔷薇、百叶蔷薇、突厥蔷薇、玫瑰和波特兰蔷薇类有香味。该活动形成了一套令人兴奋的对比性词藻，其古怪程度和品酒用语有一拼。

Voûte de rosiers grimpants,

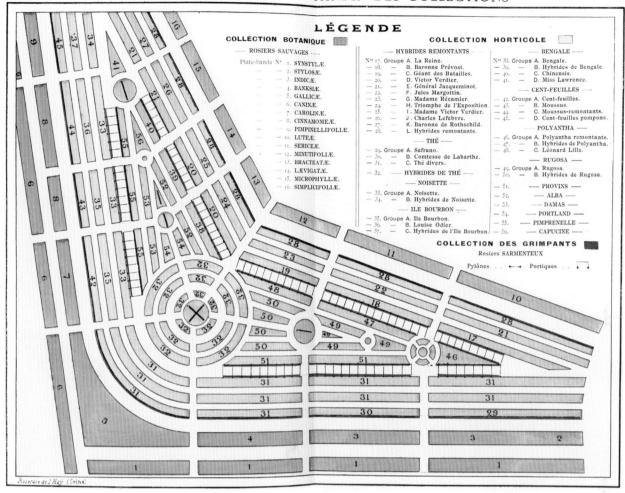

上图：拉伊玫瑰园"藏品花园"的彩色石版画。摘自《1902 年拉伊园的栽培月季》（1902）。

对页：拱门上的藤本月季彩色石刻。摘自《1902 年拉伊园的栽培月季》（1902）。

H.R. 达林顿汇报结果称："但是拉伊玫瑰园的专家们发现了更多隐藏的相似性，他们形容'切森特杂交'月季和'玛丽·亨丽埃特皇后'月季有一股'西梅果酱的香味'。其他品种的香味则让他们想到干草、俄罗斯革、龙蒿等。据说'卡蒙斯杂交茶月'闻起来像酒精。"多年来，人们一直抱怨持续育出的月季没有香味，但也总有人强调视觉效果高于嗅觉感知。比如，F. 佩奇-罗伯茨说过："为什么要回避花园中其他花都比不上它可爱的月季呢？仅仅只因为它触动不了你的嗅觉神经吗？为什么种植月季时大都不谈别的，而只用香味来做推荐呢？"

1916 年，格拉沃罗去世，之后他的子孙打理了花园 20 年。品种收集行动停滞，花园日渐衰落。1937 年，塞纳省收购了这个园子，并开始了修复计划；随后，"二战"爆发，战后开始二次修复。如今，拉伊玫瑰园较以前规模缩小，但至少仍在维护，并且拥有安定的未来。

拉伊园最大的竞争对手在桑格豪森，那儿的园丁彼得·兰贝特为德国玫瑰花友协会建造了一个试验园，试图育出新品种群"兰贝特蔷薇"（含于麝香蔷薇类之中）。花园于 1903 年开放，不久之后举办了一场国际月季座谈会。如今，欧罗巴玫瑰园的藏品让拉伊园相形见绌：前者有 6300 个物种和品种，而后者为 3200 种。今天，桑格豪森可能会是那些想要找回消失品种的月季种植者的第一站。

I.

Roses : 1° Mignonnette, **2**. Miss Kate Schultheis
(Polyanthas)

小姐妹月季

—— 紧凑型月季的新潮流

19 世纪 70 年代，就在第一批杂交茶香月季的实验品育出的时候，另一个被称作小姐妹月季的杂交类群出现了。

这个类群存在命名混乱的问题。1845 年，菲利普·弗兰茨·冯·西博尔德将他在日本发现的一种蔷薇命名为 "*Rosa polyantha*"。此名称后来成为了野蔷薇的异名。野蔷薇的品种在欧洲早已有所种植，但由于它们是来自中国的园艺品种，因此人们一开始没有意识到它们和西博尔德的植物是同一种。19 世纪 70 年代出现的新杂交种都是自罗伯特·福钧在他的最后一次探险中带回来的植物里育出的，人们称之为"小姐妹月季"，尽管借用的具体名称已过时，但它们的后代仍然保留该名称。

里昂的让·西斯莱似乎是第一位从福钧的藏品中得到种子的法国玫瑰种植者；埃尔万格后来引述了他的梦想："假如我们能弄到带茶香的波旁月季和具有圆锥花序的杂交长春月季，就能让玫瑰园改头换面，以一种最有趣的方式为蔷薇属植物锦上添花。"西斯莱从一些开一季花的藤本月季中育出了开两季花的幼苗。然后，让·巴蒂斯特·吉约又对西斯莱获得的植株进行杂交，育出了子二代。刘易斯·利维是这样总结的：

> 1875 年，吉约公司推出的'我的雏菊'月季震惊了整个玫瑰花界，一场新的月季竞赛拉开帷幕。这款月季的亲本据说是野蔷薇的杂交种和一款茶香月季。……这一类群可能是芽变性最强的，不可避免的是，大部分新推出的品种都只是其他品种的芽变。因此，这种不受控制的返祖遗传让许多满怀希望的业余爱好者大失所望。

事实上，西斯莱在'我的雏菊'月季出现时勃然大怒，因为吉约在说到该月季的血统时忘了提及他在培育过程中扮演了多么重要的角色。并且西斯莱确定

卡米耶·贝尔纳丹本人在《玫瑰期刊》的专栏中发表了自己对该事件的看法：

> 里昂的西斯莱先生给我们写信，总结了我们讨论过的有关吉约父子的'我的雏菊'月季的种种观察结果。
>
> 让·西斯莱先生说："这个品种是野蔷薇的子二代——吉约先生在《园艺评论》里忘记提了。
>
> "在我看来，对于那些关注植物生理学以及（所谓的）物种和品种起源的人来说，这是一个要点。就像我说过的，单瓣的多花蔷薇会产生大量的重瓣品种，它们的株型、长枝条和花型都很像，被人们长期以 "*R. multiflora*" 一名代指，这就是有的撰稿人说野蔷薇最初源自日本的原因。
>
> "日本确实有野蔷薇，但只存在于花园中，而不是野生的；我的孩子是一名为日本政府服务的采矿工程师，他走遍了整个日本，只在花园里见过野蔷薇……"

吉约育出的品种株型紧凑，很适合作为花坛植物。人们给它们及其后代取过很多名字：宝贝月季、雏菊月季（格特鲁德·杰基尔喜欢用这个名字）、矮生小姐妹月季、矮生绒球月季、仙子月季和宠物月季。……在英格兰，它们一般被称为"绒球小姐妹月季（Polyantha Pompons）"，在标准英语拼法中，该术语很快被缩写为 "Poly. poms."。

美国作家 H.B. 埃尔万格见过一款月季的初生苗，它是继'我的雏菊'月季之后，在早期的小姐妹月季中大获成功的品种：

1880 年 8 月，我们在里昂看到一个非常漂亮的品种，它是由小姐妹月季和茶香月季杂交的幼苗育成的。它美妙的淡鲑红色花朵肆意盛开、香味扑鼻。如果能证实它习性强健，它将会是一个可以用来做花束的迷人品种。它后来被命名为'塞西尔·布伦纳小姐'。

其他备受关注的早期品种包括贝尔奈在 1888 年育成的'布朗什·勒巴泰尔小姐'、彼得·兰贝特在 1901 年育成的'白雪公主'和克赖斯在 1913 年育成的'埃莉泽·克赖斯夫人'。

1908 年，德国月季种植者古德尔伯格推出了一款名为'致亚琛'的月季，由小姐妹月季和杂交茶香月季杂交而成。该实验引起了丹麦种植者斯文·鲍尔森的注意，他希望育出一种像杂交茶香月季一样好看、且能更好地适应斯堪的纳维亚严峻气候的月季。最终，1924 年育成的'埃尔森·鲍尔森'月季和 1925 年育成的'基尔斯滕·鲍尔森'月季引起了国际关注。为此，鲍尔森提出了杂交小姐妹月季一名。刘易斯·利维在 1928 年写道：

> 近些年涌现出了一类新的月季，它们几乎可以被归类为绒球小姐妹月季。这类月季和杂交茶香月季一样富有活力，而且高大，在任何花坛设计方案中，这类月季自然不可以和矮生的品种相提并论。亮红色的'埃尔森·鲍尔森'月季和亮猩红色的'基尔斯滕·鲍尔森'月季都是知名又非常可爱的例子。

英国月季种植者 E.B. 勒格赖斯回忆起他第一次展示新的鲍尔森品种时的感受：

> 我猜想，D. 鲍尔森用小绒球月季（绒球小姐妹月季）和杂交茶香月季育成的第一款丰花月季，就是后来人们所说的杂交小姐妹月季。在多数情况下它们都是成簇开放的单生花序。……它们是很受欢迎的花坛植物，但直到能开更多花的'埃尔森·鲍尔森'月季和'基尔斯滕·鲍尔森'月季出现后……大量持续开花的它们才广受欢迎。
>
> 即便如此，当我鼓起勇气，在竞争性展览中展出'卡伦·鲍尔森'月季时，其中一位评审扫了一眼，轻蔑地说："杂交小姐妹月季！"他们认为该展品不配得奖！大伙给我带来了安慰，他们知道自己喜欢什么，也会据此下订。

FRAU ELISE KREIS （AENNCHEN MÜLLER）
(POLYANTHA NAIN REMONTANT, A. KREIS 1913)

1930 年，J. H. 尼古拉斯创造了"丰花月季"一名，几年后，鲍尔森最开始的叫法就被弃用了。成为 20 世纪 50 至 70 年代最成功的商业月季就是一款丰花月季：'冰山'，由威廉·科德斯在 1958 年推出。

20 世纪 30~40 年代，人们建议将杂交茶香月季和丰花月季的杂交种称为"壮花月季"，这是一个更进一步的称呼。最著名的例子就是 1944 年由马蒂亚斯·坦陶育成的'佛罗勒多拉酒'月季。但是大多数的玫瑰种植者都不认为壮花月季是一个定义良好的类群，因此它们逐渐并入了灌木月季。

丰花月季被广泛用作花坛月季，这预示着 20 世纪下半叶的育种活动朝着"露台月季"和地被月季的方向发展。仍然坚持花展观念的纯粹主义者们不太高兴了。"二战"期间，乔治·M.泰勒抱怨道："尽管这些杂交小姐妹月季可以很好地用于苗圃展示、群植展示，还可以在花园里炫耀上几个月，但它们不能完全满足玫瑰爱好者们的需求。它们的确是一种月季，但它们根本不是我所说的真正的月季。"

上图：'埃莉泽·克赖斯夫人'月季。依据莱娜·施密特-米歇尔的画作刻出的彩色石版画，摘自《玫瑰期刊》（1914）。

对页：'白雪公主'月季和'让娜·迪皮伊夫人'月季。摘自《玫瑰报》（1904）。

Schneewittchen.
(Polyantha.)
P. Lambert 1900.

Mme Jean Dupuy. (Tee.)
P. Lambert 1901.

SOLEIL D'OR. (ROSA PERNETIANA)

(PERNET-DUCHER 1900).

佩尔内月季

—— 短暂的灿烂

早期杂交茶香月季的花色从红色、粉红色到白色皆有，但没有显眼的黄色。和其他杂交育种者一样，里昂的月季育种者约瑟夫·佩尔内-迪谢十分痴迷杂交种。他以育出令人满意的黄色杂交茶香月季为毕生任务，并用异味蔷薇的杂交种做亲本。

经过15年的努力，佩尔内得到了第一个成果：'金太阳'月季，由'安托万·迪谢'杂交长春月季和'波斯黄'杂交而成。它的内轮花瓣为浅粉红色，而外轮花瓣为黄色。该月季在1900年首次供应，在此后数年里，它都处于褒贬不一的风口浪尖。以下是维维昂-莫雷尔在1906年记述的人们对'金太阳'月季的各种反应：

它得到了一些人的赞扬，也被一些人唾弃。'金太阳'表明了月季和人一样，不能取悦所有人：

——一位业余爱好者说这个品种变化极大。

他的邻居同意这种说法，并补充道：但在这儿种不出来。

有1/3的人持有这样的观点：在温和的气候下，它是一个无与伦比的品种。

——株型糟糕！

——花色独特！

——一季开一次的花！

——黄中带红！

——花色多变！

——长势很糟！

——长势很好！

——是多季开花的吗？

——不是多季开花的！

是的，我们都知道尽管'金太阳'月季既有人称赞，也有人贬低，但它的前途还是顺风顺水的。

我一直对它持赞美态度，它可能会集万千缺点于一身，但我还是会赞美它。一是因为它是全

新的月季品种，一种许多杂交者踊跃尝试、却徒劳无功的类型；二是因为它花色独特。

在谈及它的血统时，厄内斯特·法默女士的言论更加精彩："约摸15年前，在离地中海海岸不远处的一座花园里，有一位新娘被许配给了'波斯黄'，她肤色均匀，名叫'安托万·迪谢'（在那时候，新娘子的名字真是男性化。）多希望那些幼苗能在杂交者的心里长出来啊！1900年，这对'夫妇'的第一个孩子'金太阳'月季长出来的时候，他该有多高兴啊！"

佩尔内-迪谢继续用相同的品类进行育种，并创造了一类他称之为"佩尔内月季"的品种群。1924年，A. R. 沃德尔在想起一种巧妙的营销手段时写到"下一阶段出现在1906年至1907年"：

我从他那里收到一个装有12枝月季的奇怪包裹，标签上写着'加那利'月季；我本来要放好它们，加以看管。为了避免走漏风声，只要一出现花蕾，我就会把它们掐掉。我只留下一个待放的花蕾，这样我也可以在把它掐掉以前看看花。它的花朵在早晨盛开，到了下午，花瓣也舒展开来。'金色光芒'月季诞生了，现代月季种植也完成了一次进化。最让我惊讶和高兴的是看到这种月季的叶缘有闪烁的光影。……我也永远不会忘记1910年，参观者们在摄政公园看到这款参展月季时的激动和讶异。当它们的花盆中开出第一朵花时，甚至没人怀疑它曾经在英国种植过……

罗丝·金斯利说'金色光芒'月季推出以前，她在佩尔内-迪谢的苗圃中见过它：

我们随他（指佩尔内）走进花园时，成百上千朵里昂的月季在盛开，无与伦比的色彩从四面八方照在我们身上；但当一片最纯净的鲜黄色令人吃惊地出现在眼前时，大家都恍神了。这就是波斯黄的颜色，我们可以看到，在一片高大的杂交茶香月季中，即使在8月的烈日下它也还能保持本色。我大喊："奇迹中的奇迹！先生，你这儿都有什么？这是我们等了20年的黄色月季。"他低声而骄傲地说："正是如此。毫无疑问，'金色光芒'是现有最好的黄色月季。"

它不仅被人们评为绝佳品种，10年后，伯特伦·帕克把'金色光芒'月季描述成"第一种真正意义上的黄色园艺月季"，这是一个只有把"园艺月季"解释为"杂交茶香月季"时才可以理解的论断。"我好奇有多少园艺家们意识到这一点：在20世纪初，不存在真正的黄色园艺月季、橙色月季、火红色的月季，也没有双色的月季……"

"一战"期间，佩尔内月季给玫瑰园带去了许多橙色的品种。尽管它们被广泛用于和其他月季类群杂交，到1913年，约瑟夫·彭伯顿预言："不管你现在用什么样的术语特指这一类灿烂的黄色月季，有一件事最终都会发生，就像它已经发生在其他现代月季的身上一样：这类月季的品种群特点，将会因为杂交繁殖而荡然无存。佩尔内月季如今处于第一阶段。……但已经初露端倪，即使是皮刺略微弯曲、基部增厚的特点，在第二、第三子代身上也都没有区分度了。和杂交长春月季、茶香月季、杂交茶香月季一样，佩尔内月季也会步它们的后尘……"30年后，乔治·M.泰勒证实了彭伯顿的预言："佩尔内月季仍然是一个独立的品种群，但它们的个性正随着与杂交茶香月季进行杂交繁殖而渐渐消失。我们不必对此感到遗憾，因为就叶子和木质而言，我们是希望摆脱真正的佩尔内月季的。"最终，英国玫瑰学会把佩尔内月季和杂交茶香月季进行了归并。

到了1925年，乔治·泰勒说："'金太阳'月季只是过去的一个回忆，现在很少人种了。"对于'金色光芒'月季，L. A. 怀亚特在1974年称："它是一个可怜的品种，可能已经灭绝了，因为一切为搜寻它所付出的努力都付诸东流。"

左下：'金色光芒'月季。雷金纳德·A.马尔比拍摄的彩色照片，摘自沃尔特·P.赖特的《玫瑰花和玫瑰园》（1927）。

右下：'恩菲尔德子爵夫人'月季。摘自1910年的《玫瑰期刊》的彩色石版画。

对页：1911年至1912年里昂佩尔内-迪谢苗圃的月季目录封面。

RAYON D'OR.
Hybrid Austrian Brier of a wonderful clear yellow.
Colour photo. by R. A. MALBY, F.R.P.S.

JOURNAL DES ROSES (Octobre 1910)

M. Brun

VISCOUNTESS ENFIELD
(PERNETIANA)

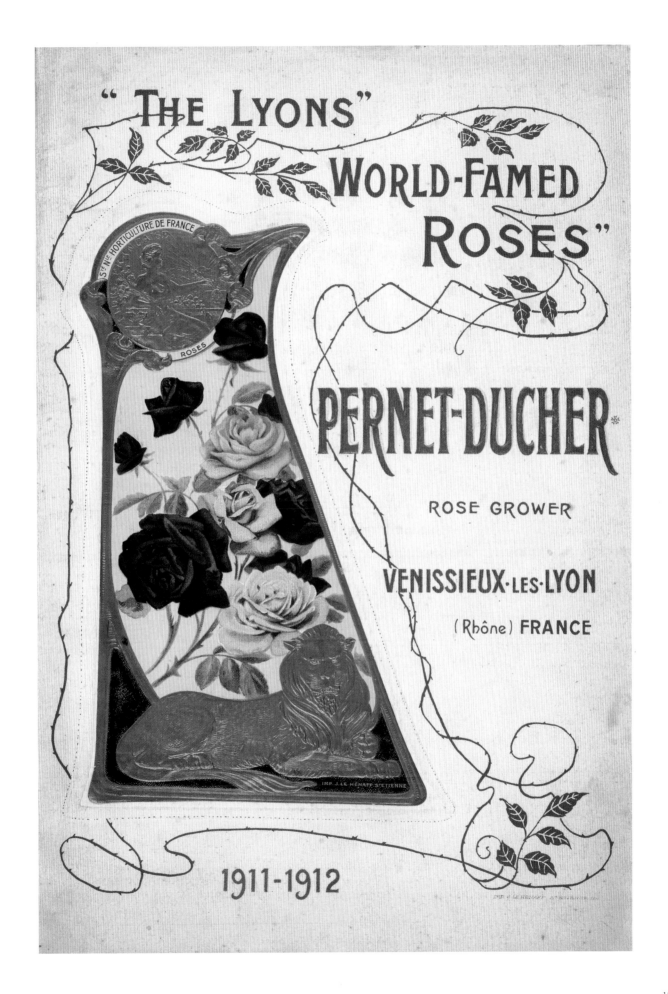

Rosa Wichuraiana rubra.

光叶蔷薇及其杂交种

—— 新世纪的新风味

1879 年，弗朗索瓦·克雷潘创造了"光叶蔷薇（*Rosa wichuraiana*）"一名，这个名字的拼写沿用了一个多世纪。任何与其有关的讨论都会在种加词的拼写上栽跟头。

"光叶蔷薇"一名纪念的是发现了这种植物的德国植物学家马克斯·恩斯特·维胡拉，按照法规对人名的处理（条款 60C.1：如果一个人的名字以 -a 结尾，则应在其之后加上 -na），如今，植物学家们往往把克雷潘的新造词改为"wichurana"。国际园艺学会品种命名与登录委员会从未对此问题做出过正式裁决，除非有人提议保留较旧的拼写，否则不会有正式裁决。也许最好的做法是遵循当今的"wichurana"拼法，并为自光叶蔷薇育出的品种保留"Wichuraiana"一名。

光叶蔷薇，一种来自中国和日本的小型野生蔷薇，具有细长、匍匐的特点，花朵小，单生，浅白色。它本身并无特别惊艳之处，但即使是在原始的野生类型和物种中，也别有魅力。它最吸引人的是那闪亮的绿色叶片，在大多数蔷薇的叶片凋落、被园丁的扫帚扫走之后，这种蔷薇的叶片还能长时间宿存；它在叶片繁茂的茎干上肆意盛开芳香花朵的特点也十分突出。是植物学家维胡尔先生（原文如此）发现了它，1859 年至 1861 年，他跟随普鲁士探险队前往了中国。……作为一种园林花卉，其内在的优点我们就不多说了，但它作为一种革新了园林装饰的主要生产要素——个中原因，那又是另外一个故事了……

对此，H. H. 托马斯在 1913 年进行了猛烈抨击。1909 年，一位英国月季种植者写道："1897 年以前，玫瑰花界的人对光叶蔷薇带给杂交学家们的可能性一无所知。"光叶蔷薇引入美国时用的是异名"照叶蔷薇（*R. lucieae*[1]）"（如今还有植物学家在提倡使用这个名

字），阿诺德树木园为其主要分销商。阿诺德树木园在 1888 年将植株送往柏林的施佩特苗圃，到了 1891 年才将其送往邱园，1894 年，它们在邱园开花。

因此，美国的育种者们是第一批光叶蔷薇杂交种的主心骨：包括科纳德与琼斯（即后来的科纳德-派尔公司）、杰克逊与珀金斯，还有 A. W. 曼达，后者培育的"泽西美人"是最早的品种之一。英国第一个培育光叶蔷薇杂交种的人是乔治·保罗。

光叶蔷薇吸引人的特点是花期长、香味浓郁、花色变化幅度大以及蔓生习性。1908 年，格特鲁德·杰基尔建议："如果随时都可以降低小径的高度，使人可以在倾斜的河岸上横穿的话，那么，种上'泽西美人'或者'多萝西·帕金斯'再好不过了。或者种上任何光叶蔷薇的美丽的子代，人在走过河岸时也能心情愉悦。"一年后，A.H. 威廉姆斯博士发问：

现在，这类蔷薇有什么特定的用途呢？用来覆盖河岸或岩石、铺地，或者用作吊垂的树状月季时，它们自成一家；种在柱子、棚架、拱架和墙壁上，又几乎和别的类群相当；用作常绿幕墙时，像'泽西美人'这样的品种没有优势；用作围篱和花园装饰时，它们又离地面太高；用作盆栽植物时，宴会厅、音乐厅等场所的需求很大；而作为切花时，绝对是首屈一指的；许多品种在挂蕾的时候，非常适合用作胸花。

前卫的花卉装饰师 R. 福里斯特·费尔顿称光叶蔷薇"带来了不可低估的艺术可能性……如果以完美的自然方式培植，它不仅是无价之宝，而且……如果修剪成精妙的样式，它也一样有趣。上一年（指 1909

---

[1] 原文的学名拼写有误。——译者注

Rose Hiawatha

A.L. REGNIER.

年），有人把它修剪成飞艇、风车、打开的雨伞、大象，以及许多其他有趣的形状。"他的配图描绘的是"一张完全用'盖伊夫人'光叶月季来装饰的小型交际餐桌"。

到了1919年，乔治·M.泰勒说道："玫瑰花爱好者，字面意思指所有人，都把'蔓性蔷薇'一名给了已知的、狭义的光叶蔷薇杂交种，从各个方面来说，这个名字是合适的。""蔓性蔷薇"并不是一个新的术语，里弗斯早在19世纪30年代的时候就用过了。但是到了20世纪，随着光叶蔷薇杂交种数量增加，该名称在玫瑰花界发展出了专门的意义：蔓性蔷薇和攀缘蔷薇的区别不在于习性，而在于蔓性蔷薇只开一次花。（20世纪40年代，当J.A.麦卡锡的歌曲《蔓生蔷薇》大热时，两者的区分点才为大众熟知。）

1904年，马萨诸塞州伍兹霍尔的一名玫瑰园丁迈克尔·沃尔什推出了'海华沙'光叶月季，由'红色漫步者'蔷薇和'保罗红柱'月季杂交而成，旨在获得一大捆花色红白相间的植株。H.R.达林顿回想起它到达英国的情景：

> 我清楚地记得我第一次见到这种蔷薇的情景。在一个冷飕飕的4月的早上，我们从镇上的小路出发，去往亨廷登水仙花展的路上，看见了一辆满载'海华沙'月季的推车，车上鲜花盛放。在太阳光的短暂照耀下，它的花色亮眼又奇特。我问道："那是什么？"去年秋天，我的妻子在一个展览上见过它，她告诉我说这一定是'海华沙'月季。"好的，我们一定要买到它。"我们做到了，更重要的是，我们丝毫不后悔这样做。……花农们有一种惊人的本能，知道什么样的花在花园中会有出色的表现。一年前，在赫特福德郡的一个村庄里，我注意到几位花农就种了一株，有时为两株吊垂的、开满花的树状'海华沙'月季，它们使整个村子喜气洋洋。

然而，在所有光叶蔷薇的杂交种中，'多萝西·帕金斯'光叶月季才是最著名的。它是第一个真正成功的品种，由美国的杰克逊与帕金斯公司在1901年推出。

光叶蔷薇和杂交茶香月季的的杂交一直持续到20世纪。1916年，在英国，保罗·威廉之子亚瑟·威廉继承了沃尔瑟姆克罗斯苗圃，并在那儿育出了'保罗红藤'月季。30年后，在美国，沃尔特·布劳内尔用光叶蔷薇和杂交茶香月季杂交，育出了像'海伦·海耶斯'这样的"耐寒杂交茶香月季"。

野蔷薇和玫瑰的品种

—— 与日俱增的簇花潮流

18世纪70年代，林奈的门生卡尔·彼得·通贝里曾在日本采集植物，他发现了两个蔷薇属物种，并把它们命名为"野蔷薇（*Rasa multi flora*）"和"玫瑰（*R. rugosa*）"。19世纪晚期，这两个物种开始给欧洲的月季育种产生影响。

19世纪初，野蔷薇的园艺品种开始进口。第一个到埠的品种可能是'淡粉七姊妹'野蔷薇，由东印度公司的托马斯·埃文斯在1804年从中国引入，在《柯蒂斯植物学杂志》的插图中，它被标为野蔷薇。为了扳回一局，《植物学索引》在1830年描绘了另一个品种，即今天所说的'七姊妹'野蔷薇。"七姊妹"这个昵称得名于它的花有七种花色："在同一簇花中，花有白色、淡粉红色、深粉红色、浅红色、深红色、猩红色和紫色。"和戈兹沃斯苗圃的罗伯特·唐纳德所说的如出一辙。

西博尔德所发表的"*R. polyantha*"就是野蔷薇，但刚开始并不明显，因为它们最初引入的时候并不是野生型，而是园艺型。所以，尽管从19世纪70年代起，以进口自中国的品种育成的小姐妹月季便引起了关注，但野生种参与育种滞后了10多年的时间。

1886年，匈牙利月季种植者鲁道夫·格施温德用幸存的早期品种'德·拉格里费利'和波旁月季品种'路易丝·奥迪耶'杂交，育出了最早的野蔷薇品种之一。'格施温德的勋章'月季的内轮花瓣从深红色到紫色不等；如今，这款月季仍然可以买到，尽管有人质疑它如今在市面上的样子是否和最初的一样。19世纪90年代，随着一款名为'红色漫步者'蔷薇的到来，野蔷薇品种的培育得以扩大。这种蔷薇的引栽过程很快就被神话粉饰，1894年，在一份关于东杜丁斯顿苏格兰式花园的描述中，出现了第一个弄清事实的记载。园子的主人、百货公司巨头查尔斯·詹纳是这个品种的进口人。1889年，有人补充了一张非常重要的特写，

那就是"藤本月季园"。事实证明这完全是成功的。这种园子由15个直径3英尺（约0.9米）的圆形花坛构成。每个花坛中央种上高约15英尺（约4.57米）的粗壮的云杉，藤本月季以云杉为支撑物种在周围，剩余的地面则铺上碎石构成小路。不种草皮是为了避免游客观赏藤本月季时打湿双脚。

1878 年，詹纳先生收到了一批来自日本的植物，这是他托时任东京大学工程学教授的 R. 史密斯帮他买的。在收到的植物中，有一株上好的蔷薇，詹纳先生把它命名为'工程师'，以表达对史密斯教授的赞美。这株蔷薇被证实是多花蔷薇的品种，备受推崇。詹纳先生希望把这样的好植物推广到海外，同时帮助一位受之无愧的人，于是他在 1889 年将所有的苗木都送给了身处林肯郡、对多花蔷薇感兴趣的小园丁约翰·吉尔伯特先生。次年，在伦敦的英国皇家园艺学会的一次会议上，展出的'工程师'蔷薇的切花毫无异议地斩获优秀证书。但由于吉尔伯特无法将植物适当地投放市场，在征得詹纳先生的同意后，他把苗木卖给了斯劳镇皇家苗圃的查尔斯·特纳先生。特纳把它的名字改为'红色漫步者'，很快，它在英法两国声名鹊起。就在刚刚过去的 5 月，它获得了由法国园艺学会颁发的最佳参展新植物金奖。

'红色漫步者'继续被打造为一款成功的蔷薇。达林顿后来报道称："1909 年的尼克森杯比赛和一次大型测试中，它在最佳红色簇花藤本月季环节的得票数最高（33 票）——几乎每个花园都有它的身影。"

同时，欧洲人曾短暂地种植过玫瑰，后来忘掉了它。1870 年，玫瑰以 *R. regeliana* 一名重新引入，因叶形和花期较长的特点而被人们种植。乔治·弗格森·威尔逊在其位于威斯利的花园，即后来的英国皇家园艺学会的花园中种上了玫瑰围篱。最成功的玫瑰杂交种是 1899 年由弗勒贝尔推出的'康拉特·斐迪南·迈耶'，该品种以上一年去世的瑞士诗人、小说家为名，由'第戎的荣耀'月季和一款不明的杂种玫瑰杂交而成。罗丝·金斯利总结了它在英国掀起的热潮："但是，'康拉特·斐迪南·迈耶'啊，我怎样才能高度赞扬你呢？1904 年 4 月，当我在神庙展上第一次看见你那巨大的碗状花朵时，要不是你那可恶的小刺，我心中一定装满了你。利奥波德·德罗特席尔德先生带你参展的时候，还贴上了鼓动人的标签，上面写着'没有丝毫养护就能长到门外'"。数年后，皮埃尔·科歇证明它在美国也一样成功：

在美国，人们常常说起这种花开得极好的杂种玫瑰：《美国花匠》上说如果前一年的木枝没被修剪过，它开的花会特别好看；它在一大片不同的花园植物中呈现出来的效果也不俗，不仅因为它花量大，还因为它的叶形美。……在美国西部，它尤其受欢迎；人们不修剪它，但是抑制其生长，促使新枝从水平方向的茎干长出来，因而开出大量的花。

对页：'康拉特·斐迪南·迈耶'玫瑰（以及光叶蔷薇的细节图）。依据莱娜·施密特-米歇尔的画作刻出的彩色石版画，摘自 1901 年的《玫瑰报》。

下图：'格施温德的勋章'月季。摘自 1896 年的《玫瑰期刊》的彩色石版画。

Rostbefallene Frucht u. Laub der R. rubiginosa.

Conrad Ferd. Meyer.
(Rugosa.) Dr. Müller 1899.

Rosa Wichuraiana.   Crépin. Japan.

ROSELANDIA (H.T.).   CERTIFICATE OF MERIT.

步入现代

——20世纪的月季

如果说19世纪的上半叶见证了以法国苗圃为首的精细化月季杂交的开始，那么下半叶则目睹了有关月季的学会、出版物、比赛和展览的国际网络的发展。

对页：'玫瑰乐园'月季。摘自1926年的《月季年鉴》的彩色照片。

1859年，第一场大型月季专展在英国举办。1876年，英国玫瑰学会（即后来的英国皇家玫瑰学会）成立；1883年，德国玫瑰花友协会成立；1886年，法国玫瑰学会成立；1896年，美国玫瑰学会成立。最早专注于月季的期刊不是机关刊物，而是私人性质的：《玫瑰期刊》和《玫瑰种植者年鉴》均在1877年创刊。随后，专业学会期刊开始出现：1886年，《玫瑰报》（即后来的《月季年鉴》）发刊，1896年，《月季》（即后来的《月季之友》）发刊。1910年，英国玫瑰学会开始发行《月季年鉴》，美国玫瑰学会则在1916年开始发行《美国月季年鉴》。

1930年，费城出版商J.霍勒斯·麦克法兰出版了第1版《现代月季》，这是一本列出了栽培品种的目录。如今，这本书已经出到了第11版，也是国际园艺学会品种命名与登录委员会的收录书籍（尽管它没有回溯、拓展和涵盖那些在第1版之前便已不见栽培的品种）。早在19世纪30年代，德国月季种植者C.尼克尔斯便发表了第一张色表，以便人们用一套统一的词语来讨论月季的花色。到了20世纪，更大众化的色表，尤其是皇家园艺学会制作的色表，领先多数专业版本。（1924年推出的杂交茶香月季'玫瑰乐园'的杏仁色调和现有色表难以吻合，而英国皇家园艺学会的色表专门提到了它。）

我们的故事讲到了20世纪20年代，让我们来看看月季的几个大类的发展。我们已经见证了杂交茶香月季的崛起，它在市场及品种群概念上都占主导地位。杂交茶香月季在杂交中的利用度意味着，以佩尔内月季为开端的新兴类群都在数年内不再被人们视为独立的品类。

"一战"以前的那代人已经把月季的色系拓展得非常宽了，涵盖整个色谱似乎只是时间问题。早在1896年，彭赞斯勋爵就给自己定下育出蓝色月季的任务，但他没有取得明显的成功。此后，人们不断以育出蓝色月季为目标。到了1912年，T.S.阿利森说道："大量前所未有的月季花型向我们涌来，数量逐年递增，这种情况既叫人尴尬又让人充满希望。"H.R.达林顿在1919年谈及扩大色系时说："如果圣约翰能看到这样的月季，他一定会给它们取名为'新耶路撒冷'，而不是'宝石'"。

然而，在20世纪后半叶，乡间别墅的衰落，以及约翰·布鲁克斯在20世纪50年代率先提出将小型住宅花园重新配置为"室外场所"的运动兴起，意味着对习性的考虑开始比对花色的喜好更能影响市场。地被月季、露台月季成为主要趋势。

在切尔西花展和玫瑰种植者的目录里推出新品种月季成了一年一度的保留节目。尽管新类群的建议层出不穷，但它们持续的时间往往不长，而且会被年代久远的类群重新吸收。人们至今不接受大卫·奥斯汀的"英国月季"为一独立类群。近来流行用相同的习性来进行月季培育，而不是看血统：大花的藤本月季、灌木月季和微型月季都是这样来的。20世纪20年代以后育成的月季中，除了'和平''唯一的乔伊''性感勒西'，兴许再加上'春季黄金'之外，和19世纪的主要月季一样享有盛名的品种有几个呢？

另外，20世纪和21世纪的月季种植潮流之一是人们热衷于"古典月季"，它指的是在杂交茶香月季发

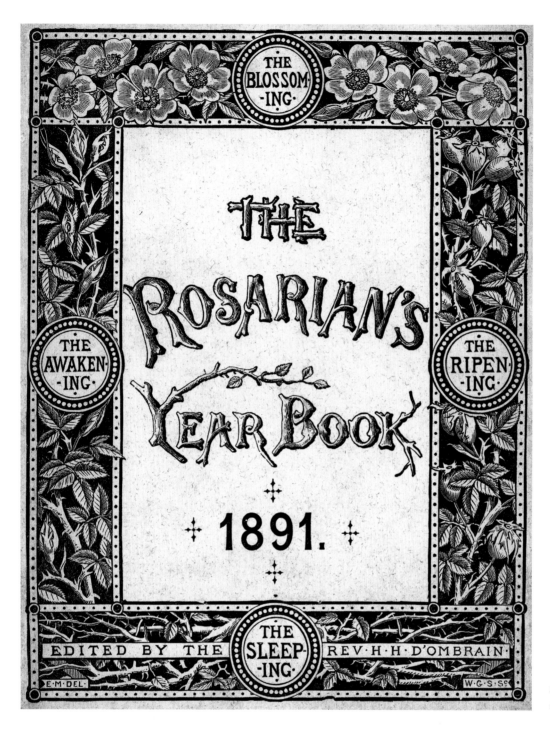

展以前的任意一类蔷薇品种。

或许在杂交茶香月季成为被接受的观赏类群以前，便有了第一个古典月季复兴的表现。约瑟夫·彭伯顿在 1922 年回忆道：

几年前，承蒙牧师 H. H. 东布雷恩的好意，我得以在一个音乐学院的古典月季的纪念展上，

用标有'祖母的蔷薇'字样的小展盒参展。我记不清年份，但我想是在 1982 年，那一年我用 24 种独特的茶香月季收获大奖。整个下午，那个小展盒被围得水泄不通。据人们回忆，那个盒子里有几把'少女的羞报'蔷薇、光亮蔷薇、带红纹的法国蔷薇、'托斯卡纳'月季、粉红色的苔藓蔷薇、'莫城玫瑰'蔷薇、'艾梅·维贝尔'

月季、'拉马克将军'蔷薇以及'莱奥波尔迪娜'月季，还有一些别的花。正如乔治·保罗先生向作家证实的一样，盒子里的东西确实勾起了人们的兴趣。他当年的订书单就是佐证。

然而，"一战"以后——那个为橙色和洋红色雀跃的年代，杂交茶香月季占据上风，而杂交长春月季则渐渐从栽培中退出——乔治·M.泰勒及其他人掀起了继续使用老品种的运动。第一批完全和古典月季有关的书在 1935 年和 1936 年出版，作者分别是美国的凯斯夫人和英国的 E. A. 邦亚德。20 世纪 50 年代，英语世界见证了一场定义明确的古典月季复兴运动：格雷厄姆·托马斯打算找到幸存的古典月季品种，并通过自己的桑宁戴尔苗圃将它们再一次传播出去，这样的搜索越发引起了大众的兴趣。1950 年，爱尔兰月季

种植者 W. 斯林格说："我不提倡汇集大量的古典月季投入市场，因为它们的需求量很小。"5 年后，美国月季种植者理查德·汤普森说："我们不是专家——只是专攻茶香月季的爱好者。"有了维塔·萨克维尔-韦斯特的西辛赫斯特园这一范例之后，包含且只包含古典月季的园子的设想开始传播。到了 20 世纪 80 年代，古典月季运动传播到了欧洲大陆。在那 10 年间，建筑历史学家约翰·马丁·罗宾逊在一本关于战后的乡间别墅的书中争论说"自 1945 年以来，英式庭院就经历了整个历史上最富创造力和令人兴奋的阶段之一"，证据包括"荫蔽的石灰步道、灰色的地界、古老的树状月季以及白色彩绘的哥特式花格"。19 世纪以来，园艺复兴主义——使用过去的选种植物——就一直伴随着我们，而复兴古典月季无疑是其最为大众所知的、最成功的形式。

左下：月季色表。摘自 C. 尼克尔斯的第 2 版《月季的栽培、命名与描述》（1845—1846）。

右下：1914 年的《月季之友》3 月至 4 月一期的封面页。

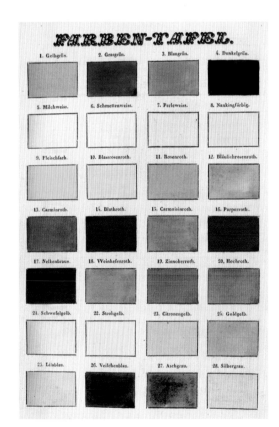

译名对照表

植物名

A

'Adam' '亚当'

'Adélaïde d'Orléans' '阿黛拉伊德'

'Aimée Vibert' '艾梅·维贝尔'

'Alister Stella Gray' '阿利斯特·斯特拉·格雷'

American roses 美洲的蔷薇

'Anne of Geierstein' '盖厄斯坦的安妮'

'Annie Crawford' '安妮·克劳福德'

'Antoine Ducher' '安托万·迪谢'

Apple rose 见 *Rosa villosa* 长柔毛蔷薇

'Autumn Damask' '秋花大马士革'

B

'Beauty of Glazenwood' '格莱岑伍德之美'

Bengal roses 孟加拉蔷薇

'Bengale Pompon' '孟加拉绒球'

'Blush Noisette' '粉红诺伊塞特'

Bourbon roses 波旁月季

'Brown's Superb Blush' '布朗佳红'

Burgundy rose '勃艮第'

C

Cabbage rose 见 *Rosa centifolia* 百叶蔷薇

'Captain Christy' '克里斯蒂船长'

Carnation rose 肉色蔷薇

'Carnea' '淡粉七姊妹'

'Catherine Mermet' '卡特琳·梅尔梅'

'Cecile Brunner' '塞西尔·布吕纳'

'Celeste' '天堂'

'Champney Rose'（'Champneys' Pink Cluster'） '千粉'

'Charles Lefebvre' '夏尔·勒菲弗'

'Charles P. Kilham' '查尔斯·基勒姆'

Cherokee rose 切罗基玫瑰

'Cheshunt Hybrid' '切森特杂交'

Childing rose 富花蔷薇

'Chromatella' '浅铬黄'

Cinnamon rose 见 *Rosa cinnamomea* 桂味蔷薇

'Conrad Ferdinand Meyer' '康拉特·斐迪南·迈耶'

'Countess of Breadalbane' '布雷多尔本伯爵夫人'

'Countess of Caledon' '卡利登伯爵夫人'

'Crimson Rambler' '红色漫步者'

Crystal rose 水晶蔷薇

D

'Damask Hybrids' 杂交大马士革蔷薇

Damask rose 见 *Rosa × damascene* 大马士革蔷薇

'De la Grifferie' '德·拉格里费利'

'Debutante' '元媛'光叶蔷薇

'Desprez à Fleur Jaune' '黄铜'

'Devoniensis' '玉兰玫瑰'

Diplolepis rosae 玫瑰犁瘿蜂

Dog rose 犬蔷薇

'Dorothy Perkins' '多萝西·帕金斯'

'Duke of Connaught' '康诺特公爵'

'Dwarf Pink China' '粉花小月季'

E

'Edith D'Ombrain' '伊迪丝·东布雷恩'

eglantine 见 *Rosa rubiginosa* 香叶蔷薇

'Else Poulsen' '埃尔森·鲍尔森'

'English roses' 英国月季

Evergreen rose 见 *Rosa sempervirens* 常绿蔷薇

F

'Fairy Rose' '仙子玫瑰'

'Félicité et Perpétue' '菲丽西黛与珀佩图'

'Floradora' '佛罗勒多拉酒'

'Fortune's Double Yellow' '幸运双黄'

Frankfurt rose 见 *Rosa × francofurtana* 法兰克福蔷薇

'Frau Elise Kreis' '埃莉泽·克赖斯夫人'

'Frau Karl Druschki' '德国白'

'Frühlingsgold' '春季黄金'

G

'Général Jaqueminot' '雅克米诺将军'

'George Dickson' '乔治·迪克森'

'Geschwind's Orden' '格施温德的勋章'

'Gloire de Dijon' '第戎的荣耀'

'Gloire de Rosomanes' '玫瑰迷的荣耀'

'Golden Gate' '金门'

'Grace Darling' '格雷斯·达令'

Grandifloras 壮花月季

'Grevillei' '七姊妹'

'Grüss an Aachen' '致亚琛'

'Gustave Regis' '古斯塔夫·雷吉斯'

H

'Helen Hayes' '海伦·海耶斯'

'Her Majesty' '女王陛下'

'Hiawatha' '海华沙'

Hibiscus rosa-sinensis 朱槿

'H. T. Camoens' '卡蒙斯杂交茶月'

'Hume's Tea-scented China' '休氏粉晕' 茶香月季

Hundred leaved rose 见 *Rosa centifolia* 百叶蔷薇

Hybrid Chinas 杂交中国月季

Hybrid Musks 杂交麝香月季

Hybrid Perpetuals 杂交长春月季

Hybrid Polyanthas 杂交小姐妹月季

Hybrid Teas 杂交茶香月季

I

'Iceberg' '冰山'

'Isabella Gray' '伊莎贝拉·格雷'

J

Jacobite rose 詹姆斯二世党人玫瑰

'Jane Hardy' '简·哈迪'

Japan rose 野蔷薇

'Jersey Beauty' '泽西美人'

'Joanna Hill' '乔安娜·希尔'

'John Hopper' '约翰·霍珀'

'John Ruskin' '约翰·拉斯金'

'Just Joey' '唯一的乔伊'

K

'Karen Poulsen' '卡伦·鲍尔森'

'Kiftsgate' '凯菲兹盖特' 蔷薇

'King of Scots' '苏格兰王'

'King William III' '威廉三世'

'Kirsten Poulsen' '基尔斯滕·鲍尔森'

L

'La France' '法兰西'

'La Reine' '皇家'

'Lady Banks' rose' '班克斯夫人'

'Lady Gay' '盖伊女士'

'Lady Hillingdon' '希灵登夫人'

'Lady Mary Fitzwilliam' '玛丽·菲茨威廉夫人'

'Lady Penzance' '彭赞斯夫人'

'Lamarque' '拉马克将军'

Lambertiana roses 兰贝特蔷薇

'Leopoldine d'Orleans' '莱奥波尔迪娜'

'Louise Odier' '路易丝·奥迪耶'

M

'Ma Pâquerette' '我的雏菊'

Macartney rose 马加尔尼玫瑰

'Macrantha' '大花'

'Madame A. Meilland' '玫昂夫人'

'Madame de Sancy de Parabère' '桑西·德·帕哈贝勒夫人'

'Madame de Tartras' '塔尔塔斯夫人'

'Madame Desprez' '德普雷夫人'

'Madame Edouard Herriot' '爱德华·埃利奥夫人'

'Madame Isaac Pereire' '伊萨·佩雷雷夫人'

'Madame Roussel' '鲁塞尔夫人'

'Madame Victor Verdier' '维克多·韦迪耶夫人'

'Maiden's Blush' '少女的羞赧'

'Maréchal Niel' '尼埃尔将军'

'Margaret McGredy' '玛格丽特·麦格雷迪'

'Marie de Saint-Jean' '圣-让·玛丽'

'Marquise Litta' '莉塔侯爵夫人'

'Mary Stuart' '玛丽·斯图亚特'

'Maxima' '极大'

'Mignonette' '小可爱'

'Miss Kate Schultheis' '凯特·舒尔特海斯小姐'

'Mlle Blanche Rebatel' '布朗什·勒巴泰尔小姐'

'Mme Caroline Testout' '卡洛琳·特斯特奥特夫人'

'Mme Ernst Calvat' '恩斯特·卡尔瓦夫人'

'Mme Jeanne Dupuy' '让娜·迪皮伊夫人'

'Mme Jeanne Philippe' '让娜·菲利普夫人'

'Monthly rose' '月月玫瑰'

Moss roses 苔藓蔷薇

'Mrs Henry Bowles' '亨利·鲍尔斯夫人'

'Mrs Herbert Stevens' '赫伯特·史蒂文斯夫人'

'Mrs Theodore Roosevelt' '西奥多·罗斯福夫人'

'Muriel Wilson' '梅里埃尔·威尔逊'

N

'Natalie Böttner' '纳塔莉·伯特纳'

Noisette roses 诺伊塞特月季

O

'Old Blush China' '月月粉'

'Ophelia' '奥菲莉娅'

P

'Parks' Yellow China' '淡黄'

'Parsons' Pink China' '帕氏粉红'

'Paul's Carmine Pillar' '保罗红柱'

'Paul's Scarlet Rambler' '保罗红藤'

'Peace' '和平'

Pennsylvanian rose 宾夕法尼亚蔷薇

Penzance sweetbriers 彭赞斯香叶蔷薇

Pernetianas 佩尔内月季

'Perpetual Damasks' '长春突厥蔷薇'

'Perpetual White Moss' '长春白苔藓'

'Persian Yellow' ('Persiana') '波斯黄'

'Philippe Noisette' '菲利普·诺伊塞特'

Polyantha roses 小姐妹月季

Portland roses 波特兰蔷薇

'Princesse Hélène' '伊莲娜公主'

Provence rose 普罗旺斯蔷薇

Provins rose 普罗万玫瑰

'Pteracantha' '翼刺'

Q

'Quatre Saisons' '四季'

R

rambling roses 蔓生蔷薇

'Rayon d'Or' '金色光芒'

'Reine Marie Henriette' '玛丽·亨丽埃特皇后'

Robin's pin cushion 罗宾的针垫

Rosa acicularis 刺蔷薇

Rosa alba 白蔷薇

　　flore pleno 多瓣白蔷薇

Rosa altaica 大花密刺蔷薇

Rosa arvensis 欧洲野蔷薇

　　aryshirea 埃尔郡蔷薇

Rosa banksiae 木香花

Rosa belgica 比利时蔷薇

Rosa berberifolia 小檗叶蔷薇

Rosa bracteata 硕苞蔷薇

Rosa brunonii 复伞房蔷薇

Rosa canina 犬蔷薇

Rosa capreolata 光托野蔷薇

Rosa carolina 加罗林蔷薇

Rosa centifolia 洋蔷薇

　　muscosa 苔藓蔷薇

Rosa chinensis 月季花

Rosa cinnamomea 桂味蔷薇

Rosa damascena 秋花突厥蔷薇

　　bifera 秋花突厥蔷薇

　　coccinea 红花突厥蔷薇

Rosa dumetorum 毛梗伞房蔷薇

Rosa filipes 腺梗蔷薇

Rosa foetida 异味蔷薇

Rosa francofurtana 法兰克福蔷薇

Rosa gallica 法国蔷薇

　　holosericea 密绢毛蔷薇

　　officinalis 药用法国蔷薇

　　pontiana 庞氏法国蔷薇

　　versicolor 杂色法国蔷薇

Rosa hemisphaerica 半球蔷薇

Rosa holosericea 密绢毛蔷薇

Rosa incarnata 肉色蔷薇

Rosa indica 印度蔷薇

Rosa laevigata 金樱子

Rosa lawranceana 尖瓣蔷薇

Rosa luciae 光叶蔷薇

Rosa lucida 光亮蔷薇

Rosa lutea 黄花蔷薇

Rosa macrantha 大花蔷薇

Rosa majalis 野生五月花蔷薇

Rosa moschata 麝香蔷薇

Rosa moyesii 华西蔷薇

Rosa multiflora 野蔷薇

'Rosa Mundi' '罗莎曼迪'

Rosa muscosa 苔藓蔷薇

Rosa odorata 香水月季

Rosa palustris 沼泽蔷薇

Rosa parvifolia 小叶百叶蔷薇

Rosa pendulina 垂枝蔷薇

Rosa pimpinellifolia 芹叶蔷薇

Rosa polyantha 小姐妹月季

Rosa provincialis 普罗旺斯蔷薇

Rosa regeliana 玫瑰

Rosa rubiginosa 香叶蔷薇

Rosa rugosa 玫瑰

Rosa semperflorens 月季花

Rosa sempervirens 常绿蔷薇

Rosa sericea 绢毛蔷薇

Rosa Sinensis 中国蔷薇

Rosa sinica 华蔷薇

Rosa spinosissima 密刺蔷薇

Rosa subviridis 浅绿蔷薇

Rosa sulfurea 硫黄蔷薇

Rosa villosa 长柔毛蔷薇

Rosa virginiana 弗吉尼亚蔷薇

Rosa viridiflora 绿花蔷薇

Rosa wichurana 光叶蔷薇

Rosa woodsii 伍兹氏蔷薇

Rosa x bifera 秋花突厥蔷薇

'Rose de Meaux' '莫城玫瑰'

'Rose du Roi' '国王玫瑰'

'Rose Neumann' '诺伊曼玫瑰'

'Roselandia' '玫瑰乐园'

'Roseraie de l'Haÿ' '拉伊玫瑰园'

S

'Safrano' '橘黄'

'Schneewittchen' '白雪公主'

'Semiplena' '半重瓣'

'Sexy Rexy' '性感勒西'

'Slater's Crimson China' '月月红'

'Soleil d'Or' '金太阳'

'Souvenir de Claudius Pernet' '克劳迪乌斯·佩尔内的纪念品'

'Souvenir de la Malmaison' '马美逊的纪念'

'Souvenir de Victor Hugo' '维克多·雨果的纪念品'

'Souvenir du President Carnot' '卡诺总统的纪念品'

'Stanwell Perpetual' '四季花园'

striped roses 条纹蔷薇

'Sunset' '日落'

T

Tea roses 茶香月季

'The Engineer' '工程师'

Tudor rose 都铎玫瑰

'Turner's Crimson Rambler' '红色漫步者'

'Tuscany' '托斯卡纳'

U

'Ulrich Brunner' '于尔里克·布伦纳'

'Unique' '独特'

V

'Velvet rose' '天鹅绒'

'Victor Verdier' '维克多·韦迪耶'

Virgin rose 纯洁蔷薇

'Viscount Strathallan' '斯特拉特兰子爵'

'Viscountess Enfield' '恩菲尔德子爵夫人'

'Viscountess Folkestone' '福克斯通子爵夫人'

Y

yellow roses 黄蔷薇

York and Lancaster rose 约克与兰开斯特蔷薇

人 名

A

Aiton, William Townshend　威廉·汤森·艾顿

Andrews, Henry Charles　亨利·查尔斯·安德鲁斯

Austin, David　大卫·奥斯汀

B

Banks, Sir Joseph　约瑟夫·班克斯爵士

Bennett, Henry　亨利·本内特

Brooke, Humphrey　汉弗莱·布鲁克

Bunyard, E.A.　E.A.邦亚德

C

Christopher, Thomas　托马斯·克里斯托弗

Clusius, Carolus　卡罗卢斯·克卢修斯

Colvill, James　詹姆斯·科尔维尔

Crépin, François　弗朗索瓦·克雷潘

D

Descemet, Jacques-Louis　雅克-路易·德西梅

D'Ombrain, H.H.　H.H.东布雷恩

F

Fortune, Robert　罗伯特·福钧

G

Gerard, John　约翰·杰勒德

Gore, Catherine　凯瑟琳·戈尔

Gravereaux, Jules　朱尔·格拉沃罗

Gray, Christopher　克里斯托弗·格雷

Grigson, Geoffrey　杰弗里·格里格森

Grimwood, Daniel　丹尼尔·格里姆伍德

Guillot fils　吉约父子

H

Harkness, Peter　彼得·哈克尼斯

Herodotus　希罗多德

Hibberd, Shirley　雪利·希伯德

Hole, Dean　迪恩·霍尔

J

Jacquin, Nicolaus Joseph Freiherr von　尼古劳斯·约瑟夫·冯·雅坎

Jekyll, Gertrude　格特鲁德·杰基尔

Joséphine, Empress　约瑟芬皇后

K

Keays, Mrs　凯斯夫人

Kennedy, John　约翰·肯尼迪

Keynes, John　约翰·凯恩斯

Kordes, Wilhelm　威廉·科德斯

L

Laffay, Jean　让·拉费

Lambert, Peter　彼得·兰贝特

Lawrance, Mary　玛丽·劳伦斯

Lindley, John　约翰·林德利

Linnaeus　林奈

Loudon, John Claudius　约翰·克劳迪乌斯·劳登

M

Macartney, Lord　马加尔尼勋爵

Mattioli, Piero Andrea　彼得罗·安德烈亚·马蒂奥利

Miller, Philip　菲利普·米勒

P

Paquet, Victor　维克托·帕凯

Parkinson, John　约翰·帕金森

Paul, George　乔治·保罗

Paul, William　威廉·保罗

Pemberton, Joseph　约瑟夫·彭伯顿

Penzance, Lord　彭赞斯勋爵

Pernet-Ducher, Joseph　约瑟夫·佩尔内-迪谢

Pliny　老普林尼

Potter, Jennifer　詹妮弗·波特

R

Reeves, John　约翰·里夫斯

Redouté, Pierre-Joseph　皮埃尔-约瑟夫·雷杜德

Repton, Humphry　汉弗莱·雷普顿

Rivers, Thomas　托马斯·里弗斯

Robinson, William　威廉·罗宾逊

Rössig, Karl Gottlob　卡尔·戈特洛布·罗西希

Rowley, Gordon　戈登·罗利

Rutger, Thomas　托马斯·拉特格

S

Sabine, Joseph　约瑟夫·萨拜因

Sackville-West, Vita　维塔·萨克维尔-韦斯特

Salmon, William　威廉·萨蒙

Shakespeare, William　威廉·莎士比亚

Sweet, Robert　罗伯特·斯威特

T

Taylor, George M.　乔治·M.泰勒

Thomas, Graham　格雷厄姆·托马斯

Thory, Claude Antoine　克劳德·安托万·托里

V

Virgil　维吉尔

Van de Passe, Crispijn　克里斯宾·范·德帕斯

Verdier, Eugène　欧仁·韦迪耶

Vibert, Jean-Pierre　让-皮埃尔·维贝尔

W

Wheatcroft, Harry　哈利·惠特克罗夫特

Wichura, Max Ernst　马克斯·恩斯特·维胡拉

Willmott, Ellen　埃伦·威尔莫特

Wright, Walter P.　沃尔特·P.赖特

参考文献

The roses of the ancient world: Dioscorides 1934, p.666; D'Ombrain 1896; Herodotus, *History*, book VIII,ch. 138 (Rawlinson translation); Jeans 1896; Jeans1908; Parkinson 1640, p. 1019; Potter 2010, p. 14;Wüstemann 1856, pp. 6–8.

The native roses of Europe: Tess Allen 1970;Bunyard 1936, pp. 147–148; Clapham, Tutin &Warburg 1962, pp. 405–413; Graham & Primavesi 1993, p. 36; Greene 1983, vol. 1, p. 318; Grigson 1955, pp. 160–162; Hatfield 2007; Krüssmann 1980; Lindley 1820, pp. 28–30, 44–45; Pollard et al. 1974, pp. 72–73, 95; Quelch 1946, p. 111; Redfern & Shirley 2011; Stace 1991, pp. 426–437; Tansley 1949, I, pp. 263–264; Werlemark 2009; Woods 1818.

Myths of the rose, P. 1: Bunyard 1936, pp. 101–104; Ferrari 1633, p. 203; Mattioli 1554, pp. 110–112; Opoix 1846, pp. 388–392; Parkinson 1640, p 1019; Paul 1849; Potter 2010, pp. 54–57; Rozier 1793, vol. 8, pp. 567; Salonen 2013; Veissière 1988, p. 75; Wright 1927, p. 26. On gules and its etymology: Hatzfeld 1895–1900, vol. 2, p. 1209; Nyrop 1902; Nyrop 1904, vol. 1, p. 28; Pereira 1950, pp. 17–18.

Red roses of Europe: Andrews 1805–1828, pp. 13, 45; Brewer 1863, p. 310; Jicke 1966; Keays 1935, p. 34; Lindley 1820, pp. 68–70; W. Paul 1848, pp. 40–71; Sweet 1839, pp. 217–218; Vibert 1824–1826, part 1, pp. 18–19, 74; Willmott 1914, vol. 2, pp. 326–327.

White roses of Europe: Bunyard 1936, pp. 73–77; Christ 1873, pp. 207–208; Clarke & Thomas, in Bean 1980, pp. 50–51, 170, 189; Jekyll 1902, pp. 15–16; Lindley 1820, pp. 81–82; Maskew & Primavesi 2005; Parkinson 1629, p. 412; Potter 2010, pp. 57–59; Salmon 1710, p. 951; Thomas 1955 pp. 163–170; Vibert 1824–1826, part 1, pp. 44–45, 56.

Myths of the rose, P. 2: Andrews 1805–1828, vol. I, p. 46; Churchill 1956, p. 260; Conard-Pyle 1930, catalogue; Dockray 2002; Hanmer 1933, p. 112; Heltzel 1947, p. 8; Hentzner 1895, p. 63; Hicks 2010; James 1974; Parkinson 1629, p. 414; Parkinson 1640, p. 1020; Salmon 1710, p. 955; Thomas 1955, p. 62.

Roses in Renaissance herbs: Clarke & Thomas in Bean 1980, pp. 95–96; Fuchs 1542, p. 656; Gerard 1597, pp. 1259–1271; Mattioli 1568, pp. 202–205; Paul 1849, p. 27; Turner 1568, lvs. 116v, 119r; Wisseman 1996; Wright 1927, p. 36.

Garden roses of the seventeenth century: Beaton 1859; Darlington 1918, p. 53; Ferrari 1633, pp. 479–503; Gilbert 1682, pp. 147–162; Miller 1731;

Parkinson 1629, pp. 412–421; Protte 2005; Rosenberg

1631; Salmon pp. 951–962.

Rosa centifolia: Tess Allen 1972. Andrews 1805–1828,pl. 20. Bunyard 1936, p.94. Clusius 1601, pp. 113–114. Gerard 1597, pp. 1262–1263. Jeans 1895. Jeans1921. Keays 1935, p. 43. Lobel 1581, pp. 240–241.Parkinson 1629, p.413. Potter 2010, pp. 160–165. Rowley 1957. Wylie 1954–1955, p. 558.

Musk roses: Bell 1981; Clarke in Bean 1980, pp.60–61; Gerard 1597, pp. 1265–1269; James 1960; Keays1935, p. 78; Parkinson 1629, pp. 417–418; Pemberton1926; Thomas 1962; Thomas 1968; Thomas 1983a,pp. 48–57; Thomas 1983b; Wylie 1954–1955, pp.19–24; Young 1960.

Yellow and green roses: Gerard 1597, pp. 1266–1267;Gibbs 1908, p. 350; Herincq 1855, pp. 61–62;Lavallée 1856; Miller 1731; G. Paul 1917; Parkinson1629, p. 417; Pemberton 1913; Planson 1856;

Rivers1837, pp. 40–41; Salmon 1710, p. 954; Thomas 1987.

Moss roses: Tess Allen 1972; Hurst 1922; Ker Gawler1815; Miller 1771, vol. 2, pp. 147–148; Paquet 1845–54, pl. 1; Paul 1848, p. 15; Shailer 1852; Wright 1927,p. 36; Wylie 1954–1955, p. 558.

Garden roses of the eighteenth century: Aiton 1810–1813, vol. 3, pp. 257–267; Harvey 1974, pp. 201–202;Harvey 1979; Longstaffe-Gowan 1987; Miller 1731;Miller 1768; North 1932.

Sweetbriers: Anon. 1896; "A.P." 1894; Mendes 1993, pp. 12, 235–237; Miller 1731; Penzance1892; Penzance 1896; Thomas 1913, pp. 107–109;Werlemark 2009; Wylie 1954–1955, pp. 77–79.

The roses of America: Andrews 1805–1828, tab. 101–102; Dillenius 1732, II, p. 325; Leith-Ross 1984, p. 189;Le Rougetel 1986; Lindley 1820, pp. 21–22; Lindley1826; Linnaeus 1753; Miller 1731; Parkinson 1640, p.1017; Pronville 1818, pp. 23–24; Thomas 1987, p. 48.

Scotch roses: Boyd 2005; Chittenden 1928; Dodoens1578; Jekyll 1902; McMurtrie 1998; Paul 1848;Rowley 1961; Sabine 1820a; Sabine 1820b; Sackville-West 1961; Waister 1994; Wylie 1954–1955, pp. 80–81.

Portland roses: Andrews 1805–1828, pl. 18; Beales 1992,pp. 13–17; Brooke 1982; Clarke & Thomas in Bean1980, pp. 83–84, 196; Desportes 1829, pp. 25–26;Festing 1986; Harvey 1979; Paquet 1845–1854, pl. 39;Rivers 1837, p. 62; Vibert 1824–1826, part 1, pp. 59–60.

The roses of China: Aiton 1810–1813, vol. 3, pp.257–267; Tess Allen 1973; Andrews 1805–1828, pls. 67–71;Bretschneider 1898; Brougham 1898, p. 4; Buc'hoz1776, pls; Guoliang 2003; Harvey 1979; Henry 1902;Lemmon 1978; Le Rougetel 1982; Plukenet 1705, p. 185;Quest-Ritson 2003, p.361; Rowley 1959; Sullivan 1989,p. 104; Thomas 1955, p. 33; Thomas 1987, pp. 40, 122.References 172 • References

The four stud Chinas, P. 1: Aiton 1810–1813, vol. 3,pp. 266–267; Andrews 1805–1828, pl. 66; Bretschneider1898; Christopher 1996, p. 124; Curtis 1794;Guoliang 2003; Thomas 1987, p. 122.

The four stud Chinas, P. 2: Andrews 1805–1828, pl.77; Bretschneider 1898; Christopher 1996, p. 125;Hibberd 1885, pp. 165–166; Lindley 1827; Lindley1830, pp. 226–227; Rivers 1837, p. 73; Wyatt 1975.

Noisettes: Anon. 1857; Darlington 1911, pp. 28–29;Ellwanger 1882, pp. 28–31; Gore 1838, pp. ix, 350–369;George Paul 1891; William Paul 1857; Alfred Prince1896, p. 50; William Robert Prince 1846; Rivers 1837,pp. 80–84; Rivers 1857; Van Houtte 1857.

Bourbons: "B." 1879; Curtis 1850, vol. 2, p. 17;Dickerson 2000, pp. 506–517; Gore 1838, pp. 347–350;Harkness 1978, p. 188; Jekyll 1902, p. 81; Loiseleur-Deslongchamps 1844, pp. 158–159; Rivers 1837, pp.63–64, 67.

Tea roses: Brooke 1979; Brougham 1898; Curtis 1850,vol. 1, p. 115; Easlea 1919; Foster-Melliar 1897, p. 7;John Harkness 1891; George Paul 1885; Wyatt 1975.

Hybrid Perpetuals: Burch 1917; Curtis 1850, vol.1, p. 27; Hole 1870, p. 151; Lescuyer 1853; Lescuyer1863; Paul 1848a, p. 32; Paul 1863a; Pemberton 1925;Pemberton 1926; Rivers 1837, pp. 9, 62; Robinson1933, p. 120; Rowley 1965; Wyatt 1981.

Standard roses: E. F. Allen 1973; Beaton 1854a;Beaton 1854b; Cochet 1885; D'Ombrain 1896; Fish1884; Gilmour 1887, endpapers; Hibberd 1885, p.84; Loudon 1835–1838, vol. 2, pp. 799–800; George

Paul 1888; William Paul 1863b; Penzance 1892,pp. 25–26; Robinson 1933, p. 123; Rowley 1957;Thomas 1983.

Climbing roses: Buist 1847, pp. 93–94; Cochet-Cochet 1912; Farmer 1913, p. 163; Kingsley 1907, p.149; Parkman 1866, p. 146; George Paul 1886; Prince1896; Protte 2005; Rivers 1837, p. 80; Thomas 1987,pp. 20, 136; Wylie 1954–1955, pp. 8–13

.Early nineteenth–century rose gardens: Anon. 1872;Brooke 1856–1857; Davidson 1855; Fish 1856; Gorer1982; Kingsley 1907, pp. 262–263; Loudon 1834, p. 97;Loudon 1835–1838, vol. 2, pp. 794–797; Repton 1816,pp. 139–47; Rutger 1857.

Robert Fortune and his China rose: Anon. 1851;Anon 1877; Bretschneider 1898, I, pp. 457–458; Elliott2004, pp. 205–206; Fortune 1846; Fortune 1847, pp. 12–13; Herinq 1851; Kingsley 1907, pp. 151–152; Lindley1850–1853, vol. 2, p. 71 / vol. 3, p. 156; "Rosarian" 1877,and subsequent correspondence, 29 March pp. 228–229, 12 April p. 265, 19 April p. 295; Saint-Pierre 1882;Thomas 1983; Thomas 1987, pp. 778–780.

Hybrid teas, P. 1: Allison 1912; Dickson 1918;D'Ombrain 1868; Gamble 1956; Gould 1921; Guillot1879; Harkness 2003, p. 239; Harvey 1947; Pemberton1926; Rowley 1965; Taylor 1926; Wyatt 1974.

Hybrid teas, P. 2: Burch 1917; Cairns 2003;D'Ombrain 1895; Easlea 1919; Foster-Melliar 1910, p.287; Park 1963; Rigg 1928; Taylor 1926; Wheatcroft1959, pp. 166–171; Wylie 1954–1955, p. 569.

'Maréchal Niel': Cochet 1895; Dean 1889; Dean 1893;"M." 1889; George Paul 1882; William Paul 1865;"Wild Rose" 1889; "Wild Rose" 1893; Wright 1927.

Roses in the language of flowers, P. 1:

Delachenaye1811; Elliott 2013; Gumley House 1861; La Tour1819; Miller 1847; Montagu 1965, vol. 1, pp. 388–389;Phillips 1825.

The language of flowers, P. 2: Anon. 1880; Anon.1880s; Bourne 1833; Elliott 2013; Ingram 1869;Miller 1847.

Later rose gardens: Hibberd 1885, p. 84; "J.S." 1879;Jekyll 1908, pp. 84–85; Robinson 1883, pp. lxxxvi–lxxxvii; Robinson 1933, p. 121; H.H. Thomas 1913,pp. 54–55.

Roseraie de l'Hay: Darlington 1911b; Gravereaux1902; Gravereaux 1914; Leroy 1950; Page-Roberts1911; Potter 2010, pp. 178–204, 408–411; Tröss 1965.

Polyanthas: Bernardin 1879; Ellwanger 1882, pp.31–32; Le Grice 1973; Levy 1928; Levy 1931; Levy1938; Taylor 1941.

Pernetianas: Farmer 1913; Kingsley 1910; Park 1961;Pemberton 1913; Taylor 1925; Taylor 1926; Viviand-Morel 1906; Waddell 1924; Wyatt 1974.

Rosa wichurana and its hybrids: Darlington 1911,pp. 42–43; Felton 1910, pp. 47–49; Hooker 1895;Jekyll 1908; Taylor 1919; Thomas 1913, pp. 5–6;Williams 1909; Wylie 1954–1955, pp. 569–571.

Multifloras and rugosas: Cochet 1908, p. 166;Darlington 1911, pp. 56–57; Kingsley 1907, p. 160;Lindsay 1894; Plouy 1893.

Moving into modern times: Allison 1912; M.E.Bunyard 1935, p. 342; Nickels 1836–38; Pemberton1922, p. 97; Penzance 1896, pp. 31–32; Robinson1984, p. 24; Thompson 1955; Weigel 2001. Some milestones in the old rose revival: Taylor 1923;Keays 1935; Bunyard 1936; Sackville-West 1947;Graham Thomas 1950, and his rose books passim;Lindsay 1956; Wyatt 1974; Riedel-Laule 1992.

译后记

追求美以及美的事物，似乎是人类的本性，也是推动世界运转的内在力量。植物作为美的自然载体之一，千百年来被灌注了无限的爱和善意，对于"rose"而言更是如此。

不得不承认，"rose"是一个很麻烦的词。"蔷薇""月季"和"玫瑰"的明确界限是什么，恐怕不好回答。在育种工作大肆开展后，三者互相交织渗透，更是难以分辨。幸运的是，本书的作者布伦特·埃利奥特博士以时间为线索，串起了蔷薇属植物的发展和育种史。我们在翻译过程中，对"蔷薇""月季"和"玫瑰"的处理，主要综合了作者所提供的详细史实、出色的历史文献整理，以及最新的植物分类学处理。如果读者有兴趣了解更多相关的植物信息，可以访问多识植物百科网站，获取最新动态。

面对这样一本组织结构脉络清晰、语言表达流畅优美的书，我们希望尽可能地将书中美的一面传递给读者。虽然不能称之为精雕细琢，但我们尽了最大的努力，在保证准确传达原文意思的基础上，增加了"雅"的比重，使之读起来不至于索然无味、拖泥带水。在翻译本书的过程中，我们查阅了许多资料和文献，部分物种和品种的中文名为首次译出。本书带给我们的享受，是我们最想和读者们分享的东西。

我们在此向所有给予过我们支持和帮助的家人、老师和朋友们致谢。上海辰山植物园工程师、科普作家刘夙老师整理的蔷薇属物种列表是我们确定植物中文名的重要参考；此外，在人名的规范译法上，他也给了我们必要的指导。同时，上海夏暖文化执行助理、资深译者倪朱仪小姐在字词和语句方面给予了极为独到、实用的提点，帮助我们加深了对原文的理解，从而更好地处理译文。我们还要感谢责编的辛勤工作，以及对我们的包容、理解和肯定。

由于时间仓促以及水平所限，译本难免有错漏和偏颇之处。因此，如您在阅读过程中发现任何错漏，请通过新浪微博（@柏淼ccc、@冯叔叔_）联系我们，提出实际的批评和指正，帮助我们进步。

再次向每一位阅读本书的人表示衷心的感谢。

冯真豪 × 柏淼

2020 年 7 月 30 日

内容简介

本书沿着从远古到 21 世纪的时间线索讲述了现代月季的杂交育种史。内容包含与月季有关的远古传说、英国历史宗教中与月季有关的故事、文学作品中与月季有关的戏剧诗歌、植物学家培育月季的种种趣事，随文附有英国皇家园艺学会的林德利图书馆珍藏的彩色版画、手绘插图，全方面展现蔷薇属植物的美丽风情，探索蔷薇属植物的前世今生。

作者简介

布伦特·埃利奥特博士

历史学家，《花园史》前编辑，《皇家园艺学会林德利图书馆不定期论文》的现任编辑，英国皇家园艺学会林德利图书馆馆长及档案管理者，著有《花卉：一部图文史》《维多利亚花园》（1986）、《皇家园艺学会的财富》（1994）、《乡舍花园》（1995）、《花卉志：园艺花卉插图史》（2001）和《皇家园艺学会的历史：1804—2004》（2004）等书。

译者简介

柏　淼

资深园艺爱好者，花园设计师，微博知名园艺博主；中国 GIC、英国 FGA 珠宝师，果壳《物种日历》签约作者；合著出版有《听，花园的声音》一书。

冯真豪

广州市热心市民，中学教师，自由译者。